React＋

リアクト

で作る

Electron

エレクトロン

デスクトップアプリ
開発入門

大西 武著

SR C&R研究所

■権利について

● 本書に記述されている社名・製品名などは、一般に各社の商標または登録商標です。

● 本書では™、©、®は割愛しています。

■本書の内容について

● 本書で紹介しているサンプルは、C&R研究所のホームページ(https://www.c-r.com)からダウンロードすることができます。ダウンロード方法については、4ページを参照してください。

● サンプルデータの動作などについては、著者・編集者が慎重に確認しております。ただし、サンプルデータの運用結果にまつわるあらゆる損害・障害につきましては、責任を負いませんのであらかじめご了承ください。

● サンプルデータの著作権は、著者およびC&R研究所が所有します。許可なく配布・販売することは堅く禁止します。

● 本書の内容についてのお問い合わせについて

　この度はC&R研究所の書籍をお買いあげいただきましてありがとうございます。本書の内容に関するお問い合わせは、「書名」「該当するページ番号」「返信先」を必ず明記の上、C&R研究所のホームページ(https://www.c-r.com/)の右上の「お問い合わせ」をクリックし、専用フォームからお送りいただくか、FAXまたは郵送で次の宛先までお送りください。お電話でのお問い合わせや本書の内容とは直接的に関係のない事柄に関するご質問にはお答えできませんので、あらかじめご了承ください。

〒950-3122 新潟県新潟市北区西名目所4083-6　株式会社 C&R研究所　編集部
FAX 025-258-2801
『React+Electronで作る デスクトップアプリ開発入門』サポート係

「Electron」はWebページをデスクトップアプリにビルドして実行できるようにする技術です。

「React」は世界的に人気のある「HTML5+JavaScript+CSS」のWebページを構築するためのフレームワークです。

本書では「React」を使ってWebページを作成し、「Electron」を使ってWebページをデスクトップアプリにビルドして実行できるように解説します。WindowsとmacOSでしか解説していませんが、Linux系のOSでも可能だと思います。

「React」ではユーザーが操作できるようにやり取りの表示部分を作る「フロントエンド」の見た目を作ります。

主に「React」ではSPA（シングルページアプリケーション）を作ります。index.htmlのシングルページ（1ページ）だけで画面を切り替えてWebブラウザアプリを作るのでElectronと相性がいいです。まず最初は「React」でSPAが作れるようになるだけでいいです。特殊なことをしていなければ、それを「Electron」の基本的な処理を追記するだけでデスクトップアプリにビルドして実行できます。

本書では「Electron」を使ってシンプルなサンプル「ToDoリスト」「Web APIを使った画像検索ワード当てクイズ」「郵便番号CSV読み込みとハガキPDF書き出し」「データベースでToDoリスト」を作ります。

CHAPTER 02のWindowsやmacOSでの開発環境の構築が準備できれば、半分アプリ開発ができたようなものです。これでサンプルが動作する方法がわかれば、解説したことを改造したり増築したりすればいいだけです。

2つの技術「Electron」と「React」があって混乱されるかもしれませんが、「React」ができる方は流し読みして「Electron」の節から読んで「メイン」部分を理解したらいいでしょう。

筆者も最初は本書の内容では「React」しか知りませんでした。後からC&R研究所様から「Electron」を教えてもらい、「React」プロジェクトに「Electron」の機能を追加・実装してデスクトップアプリを作れるようになったおかげで、本書を出版できることになり大変うれしく思います。

2022年9月

大西武

本書について

対象読者について

本書はHTML、JavaScript、CSSの基礎を習得済み読者を想定しています。HTML、JavaScript、CSSの基本などについては説明を省略していますので、ご了承ください。

執筆時の動作環境について

本書で下記のバージョンで動作確認を行っています。

- Electron 20.0.1
- React 18.2.0
- Windows 10
- macOS 12 Monterey

本書に記載したソースコードについて

本書に記載したサンプルプログラムは、誌面の都合上、1つのサンプルプログラムがページをまたがって記載されていることがあります。その場合は▼の記号で、1つのコードであることを表しています。

サンプルファイルのダウンロードについて

本書で紹介しているサンプルデータは、C&R研究所のホームページからダウンロードすることができます。本書のサンプルを入手するには、次のように操作します。

❶「https://www.c-r.com/」にアクセスします。

❷ トップページ左上の「商品検索」欄に「399-7」と入力し、[検索]ボタンをクリックします。

❸ 検索結果が表示されるので、本書の書名のリンクをクリックします。

❹ 書籍詳細ページが表示されるので、[サンプルデータダウンロード]ボタンをクリックします。

❺ 下記の「ユーザー名」と「パスワード」を入力し、ダウンロードページにアクセスします。

❻「サンプルデータ」のリンク先のファイルをダウンロードし、保存します。

サンプルのダウンロードに必要な
ユーザー名とパスワード

| ユーザー名 | elec |
| パスワード | 86tmc |

※ユーザー名・パスワードは、半角英数字で入力してください。また、「J」と「j」や「K」と「k」などの大文字と小文字の違いもありますので、よく確認して入力してください。

▐▐▐ サンプルファイルの利用について

サンプルファイルはZIP形式で圧縮していますので、解凍（展開）してお使いください。各章ごとに下記のようにフォルダー分けしています。さらに、その中に各節ごとのフォルダーに分けてあります。

章	フォルダー名
CHAPTER 02	hello
CHAPTER 03	todo
CHAPTER 04	search
CHAPTER 05	postcard
CHAPTER 06	sqlite

本書のサンプルには、容量の関係で、実行に必要な「node_modules」を含んでいません。そのため、そのまま実行するとエラーとなります。

サンプルを実行するには次のように操作します。

❶ Visual Studio Code(以降、VS Code)で「ファイル」メニューから「フォルダーを開く」を選択し、実行するサンプルのフォルダを選択します。

❷ VS Codeで「表示」メニューから「ターミナル」を選択し、ターミナルを表示します。

❸ VS Codeの「ターミナル」で「$ npm install」コマンドを実行します。これで「node_modules」フォルダーがインストールされます。

❹ VS Codeの「ターミナル」で「$ npm run electron-start」コマンドを実行します。これで「Electron」でデスクトップアプリが実行されます。

サンプルの実行については、サンプルに同梱の「HowTo.txt」も参照してください。また、本文中でも適宜、サンプルの実行については解説している箇所がありますので、あわせて参考にしてください。

CONTENTS

■CHAPTER 03

ToDoリストの開発

■CHAPTER 04

画像検索ワード当てクイズの開発

■ CHAPTER 05

ハガキ印刷用のPDFファイル作成アプリの開発

■CHAPTER 06

データベースを使ったToDoリストの開発

■CHAPTER 07

Electronのビルドとテスト

CHAPTER 01

Electronと JavaScriptと Reactについて

この章では「React」フレームワークで作る「HTML5
+JavaScript+CSS」や、そのWebページをデスクトッ
プアプリにビルドする「Electron」について解説します。

Electronについて

この節では本書の最大のテーマであるWebページをデスクトップアプリとして作成できる「Electron」について解説します。また、JavaScriptライブラリ「Node.js」についても解説します。

▮▮ Electronとは

「Electron」は「GitHub」が開発したOSS（オープンソースソフトウェア）で、デスクトップアプリを作るためのフレームワークです。Webブラウザで動作する「HTML5＋JavaScript＋CSS」のWebページをexeファイル（Windows）やappファイル（macOS）のデスクトップアプリに書き出して実行できるようにします。

「Electron」単体ではメインウィンドウに何も表示できません。必ずWebページでUI（ユーザーインターフェース）や処理を作ります。そのWebページを読み込んでWebブラウザで動作するのとほとんど同じことが、デスクトップアプリに書き出して実行できます。

「Electron」で作ったアプリは、Googleが開発しているWebブラウザ「Chrome」のエンジンである「Chromium（クロミウム）」と、「Node.js」をランタイムに使っています。そのため、WebページがどのパソコンのOSでも「Chrome」さえあれば閲覧することができるように、「Electron」を使えばクロスプラットフォームで動作します。ただし、iPhoneやAndroidなどのスマートフォンで動くアプリは作れません。

▶ Electronの仕組み

「メイン」の処理はデスクトップアプリに関する「Electron」が担当し、表示部分の「レンダラー」の処理は大抵SPA（シングルページアプリケーション）でWebページ（本書ではReactを使って作る）がUIの描画や処理を担当します。

ただし、データベースの「SQLite3」やPDFファイルに読み書きする場合や、ファイルダイアログやpromptなどのGUIを使う場合などは、「レンダラー」側では実行できず「メイン」側の「Electron」の方で実装しなければなりません。その代わり「メイン」側と「レンダラー」側との間でやり取りはできるので安心してください。

「Electron」はWebページをデスクトップアプリ化するので、「Visual Studio」のプログラミング言語「C#」「C/C++」などや、「Xcode」のプログラミング言語「Swift」「Objective-C」などでデスクトップアプリをプログラミングできないWeb開発者でも「HTML5＋JavaScript＋CSS」でデスクトップアプリが開発できる点が最大の強みです。

▶ Electronの公式サイト

「Electron」の公式サイトは次のURLです。「Electron」本体は公式サイトからダウンロードするのではなく、「Node.js」を使ってダウンロードおよびインストールします。

- ● Electronの公式サイト
  - URL https://electronjs.org

●Electronの公式サイト

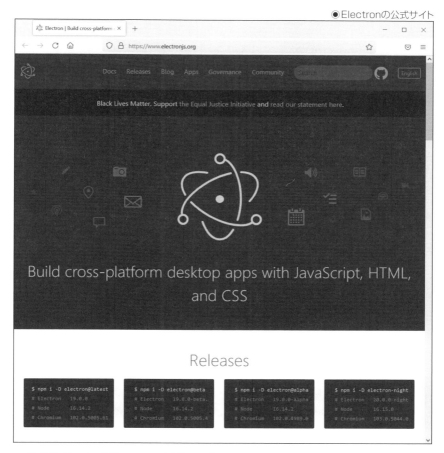

公式サイトによると「Electron」を使って「Visual Studio Code」や「Facebook Messenger」や「Twitch」や「Microsoft Teams」や「Figma」などのデスクトップアプリが作られているそうです。

本書では「Visual Studio Code」(以降、VS Code)を高機能エディタとして「Electron」+「React」の開発のために使います。つまり「Electron」で作られた「VS Code」で「Electron」を使ったデスクトップアプリを作ることになります。

Webページでも信じられないほど優れた機能を持ったWebサイトもあるので、「Electron」でもこれらのようなデスクトップアプリが作れるのもうなずけます。本書ではシンプルなデスクトップアプリを開発するだけなので、ぜひ発展させた優れたデスクトップアプリを作ってみてください。

Node.jsとは

「Node.js」は「Chrome」の「V8 JavaScript」エンジン上でビルドされた「JavaScript」ランタイムです。プログラミング言語「JavaScript」を使ってWebアプリを作れます。

以前はサーバーサイドはプログラミング言語「PHP」「Ruby」「Python」などでWebアプリを開発し、クライアントは「JavaScript」でプログラミングするのが一般的でした。「Node.js」の登場でクライアントだけでなくサーバーサイドも「JavaScript」だけでWebアプリもプログラミングできるようになりました。

「Node.js」は有名なクラウド「AWS（Amazon Web Services）」「Microsoft Azure」「Google Cloud Platform」などでも採用されているほどメジャーなシステムです。

「Node.js」も「Chrome」ベースなので、WindowsでもmacOSでもLinuxでも動作します。ただし、それぞれのOSに合わせたプログラムをダウンロードしなければなりません。

▶ Node.jsの公式サイト

「Node.js」の公式サイトは次のURLです。こちらは公式サイトからインストーラをダウンロードできます。

● Node.jsの公式サイト

URL https://nodejs.org

●Node.jsの公式サイト

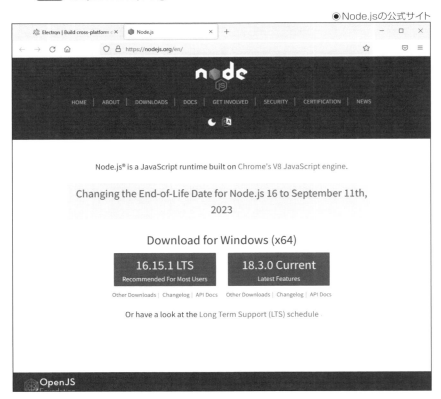

　「Electron」は「Node.js」を使ってダウンロードおよびインストールするといいましたが、具体的には「Node.js」のパッケージ管理システム「npm」を使います。本書では「npm」を使う以外、特にプログラミングするのに「Node.js」を気にすることはありません。

　「Node.js」は入出力などの処理を「非同期」で実行します。つまり、一般のプログラミングでは同時に並行して処理を行う「同期」が当たり前でしたが、「Node.js」は「非同期」のWebアプリの処理もプログラミングしやすいです。

　「Node.js」の「非同期」は「コールバック」を使って入出力が終わったら処理を再開するようにします。それまでは「Node.js」は眠った状態で余計な邪魔をしません。

COLUMN	npmについて

　「npm」は「Node Package Manager」という意味ですが、意外にもこれらの頭文字をとった略名ではないそうです。

● 参考

URL　https://zenn.dev/ryuu/articles/what-npm-means

HTML5+JavaScript+CSSについて

この節ではWebページを構成する「HTML5+JavaScript+CSS」について解説します。

▌▌▌ HTML5+JavaScript+CSSとは

「HTML5+JavaScript+CSS」は主にWebページを制作するための技術です。なお、HTML5、JavaScript、CSSはそれぞれ別の機能を表しますが、密接に関係しているため、本書では「HTML5+JavaScript+CSS」と表記します。サーバーに「リクエスト（要求）」したら、「HTML5+JavaScript+CSS」がクライアントに返ってきて、Webブラウザで閲覧できます。

HTML5とJavaScriptとCSSのそれぞれの機能は簡単にいうと次の表のようになります。後でもう少し詳しく解説します。

●HTML5/JavaScript/CSSの機能

機能	説明
HTML5	文字や画像など、Webページの内容を「タグ」で記述する
JavaScript	HTML5のDOM機能を操作したり処理したりする
CSS	HTML5のタグを装飾するなど、見た目の詳細を設定する

最近の「HTML5+JavaScript+CSS」はWebアプリのようにも動作します。Webアプリとは昔は見るだけのWebページだったのが、ユーザーがWebページとやり取りして動的な処理ができます。

素のままの「HTML5+JavaScript+CSS」では開発が面倒だったので、次の節で解説する「React」のようにフレームワークでフロントエンドの開発が楽になります。

▶ HTML5とは

HTML5とはHTML（HyperText Markup Language）のバージョン5のことです。「<要素名>」と「</要素名>」で囲まれた「タグ」を記述して、<h1>タグなら見出しの文字列を記述したり、<img>タグなら画像を表示したりします。

HTML5のフォーマットは入れ子になった木構造になっていて、それを「DOMツリー」ともいいます。「DOM」とは「Document Object Model」の頭文字をとった名前です。「DOM」はマークアップされたリソース（ドキュメント）をリソース要素（オブジェクト）のツリー構造（モデル）で表して操作可能にする仕組みのことです。

最近では「XML」形式というデータ記述言語であるメタ言語がありますが、HTMLには限界があったため、このXMLの仕様も採用されました。

HTML5のコードはたとえば次の図のようなコードです。「タグ」で構成されたhtmlファイルを記述します。

●HTML5のコードの例

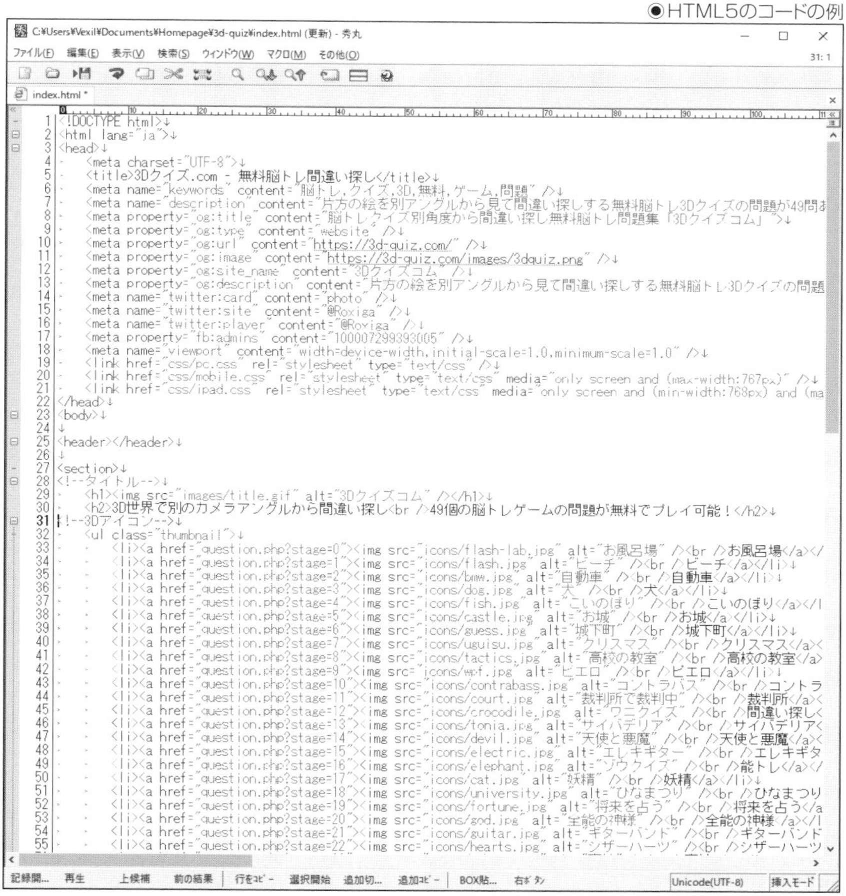

```
C:¥Users¥Vexil¥Documents¥Homepage¥3d-quiz¥index.html (更新) - 秀丸
ファイル(F)  編集(E)  表示(V)  検索(S)  ウィンドウ(W)  マクロ(M)  その他(O)                                    31:1
index.html *
1  <!DOCTYPE html>
2  <html lang="ja">
3  <head>
4      <meta charset="UTF-8">
5      <title>3Dクイズ.com - 無料脳トレ間違い探し</title>
6      <meta name="keywords" content="脳トレ,クイズ,3D,無料,ゲーム,問題">
7      <meta name="description" content="片方の絵を別アングルから見て間違い探しする無料脳トレ3Dクイズの問題が49問あ
8      <meta property="og:title" content="脳トレクイズ別角度から間違い探し無料脳トレ問題集「3Dクイズコム」">
9      <meta property="og:type" content="website" />
10     <meta property="og:url" content="https://3d-quiz.com/" />
11     <meta property="og:image" content="https://3d-quiz.com/images/3dquiz.png" />
12     <meta property="og:site_name" content="3Dクイズコム" />
13     <meta name="og:description" content="片方の絵を別アングルから見て間違い探しする無料脳トレ3Dクイズの問題
14     <meta name="twitter:card" content="photo" />
15     <meta name="twitter:site" content="@Roxiga" />
16     <meta name="twitter:player" content="@Roxiga" />
17     <meta property="fb:admins" content="100007299393005" />
18     <meta name="viewport" content="width=device-width,initial-scale=1.0,minimum-scale=1.0" />
19     <link href="css/pc.css" rel="stylesheet" type="text/css" />
20     <link href="css/mobile.css" rel="stylesheet" type="text/css" media="only screen and (max-width:767px)" />
21     <link href="css/ipad.css" rel="stylesheet" type="text/css" media="only screen and (min-width:768px) and (ma
22  </head>
23  <body>
24
25  <header></header>
26
27  <section>
28  <!--タイトル-->
29      <h1><img src="images/title.gif" alt="3Dクイズコム" /></h1>
30      <h2>3D世界で別のカメラアングルから間違い探し<br />49個の脳トレゲームの問題が無料でプレイ可能！</h2>
31  <!--3Dアイコン-->
32      <ul class="thumbnail">
33          <li><a href="question.php?stage=0"><img src="icons/flash-lab.jpg" alt="お風呂場" /><br />お風呂場</a></
34          <li><a href="question.php?stage=1"><img src="icons/flash.jpg" alt="ビーチ" /><br />ビーチ</a></li>
35          <li><a href="question.php?stage=2"><img src="icons/bmw.jpg" alt="自動車" /><br />自動車</a></li>
36          <li><a href="question.php?stage=3"><img src="icons/dog.jpg" alt="犬" /><br />犬</a></li>
37          <li><a href="question.php?stage=4"><img src="icons/fish.jpg" alt="こいのぼり" /><br />こいのぼり</a></l
38          <li><a href="question.php?stage=5"><img src="icons/castle.jpg" alt="お城" /><br />お城</a></li>
39          <li><a href="question.php?stage=6"><img src="icons/guess.jpg" alt="城下町" /><br />城下町</a></li>
40          <li><a href="question.php?stage=7"><img src="icons/uguisu.jpg" alt="クリスマス" /><br />クリスマス</a></
41          <li><a href="question.php?stage=8"><img src="icons/tactics.jpg" alt="高校の教室" /><br />高校の教室</a>
42          <li><a href="question.php?stage=9"><img src="icons/wcf.jpg" alt="ピエロ" /><br />ピエロ</a></li>
43          <li><a href="question.php?stage=10"><img src="icons/contrabass.jpg" alt="コントラバス" /><br />コントラ
44          <li><a href="question.php?stage=11"><img src="icons/court.jpg" alt="裁判所で裁判中" /><br />裁判所で裁判中
45          <li><a href="question.php?stage=12"><img src="icons/crocodile.jpg" alt="ワニクイズ" /><br />間違い探しく
46          <li><a href="question.php?stage=13"><img src="icons/tonia.jpg" alt="サイバテリア" /><br />サイバテリア
47          <li><a href="question.php?stage=14"><img src="icons/devil.jpg" alt="天使と悪魔" /><br />天使と悪魔</a></
48          <li><a href="question.php?stage=15"><img src="icons/electric.jpg" alt="エレキギター" /><br />エレキギタ
49          <li><a href="question.php?stage=16"><img src="icons/elephant.jpg" alt="ゾウクイズ" /><br />能力レく</a>
50          <li><a href="question.php?stage=17"><img src="icons/cat.jpg" alt="妖精" /><br />妖精</a></li>
51          <li><a href="question.php?stage=18"><img src="icons/university.jpg" alt="ひなまつり" /><br />ひなまつり
52          <li><a href="question.php?stage=19"><img src="icons/fortune.jpg" alt="将来を占う" /><br />将来を占う</a
53          <li><a href="question.php?stage=20"><img src="icons/god.jpg" alt="全能の神様" /><br />全能の神様</a></l
54          <li><a href="question.php?stage=21"><img src="icons/guitar.jpg" alt="ギターバンド" /><br />ギターバンド
55          <li><a href="question.php?stage=22"><img src="icons/hearts.jpg" alt="シザーハーツ" /><br />シザーハーツ
記録開...  再生  上候補  前の結果  行をコピー  選択開始  追加切...  追加コピー  BOX貼...  右ボタン        Unicode(UTF-8)    挿入モード
```

▶JavaScriptとは

　HTML5やCSSが見た目だけを表示するのに対し、JavaScriptはそれらをプログラミングしてWebページを動的に処理します。サーバーとデータ通信したり画像がスライドするようなアニメーションをしたりできます。

　本書ではJavaScriptをメインにプログラミングします。本書ではHTMLの「タグ」もJavaScriptから生成することが多いです。

　「SNS」や「YouTube」などのユーザーがデータを扱えるWebアプリは主にサーバーサイドで処理していますが、JavaScriptはクライアントでもデータを扱える動的なWebアプリが作れます。

　JavaScriptのコードはたとえば次の図のようなコードです。jsファイルに記述します。

19

●JavaScriptのコードの例

```
      C:¥Users¥Vexil¥Documents¥Electron¥ElectronSamples¥sqlite¥src¥App.js - 秀丸   —   □   ×
      ファイル(F)  編集(E)  表示(V)  検索(S)  ウィンドウ(W)  マクロ(M)  その他(O)                    1: 1

      Chaspter01.txt    Chaspter01-01.txt    Chaspter01-02.txt    App.js                    ×

 1  import React, { Component } from 'react';↓
 2  import './App.css';↓
 3  ↓
 4  class App extends Component {↓
 5    state = {↓
 6      list: [[id:0,value:"ToDoリストを書く"],],↓
 7    }↓
 8  ↓
 9    constructor(prop) {↓
10      super();↓
11      this.todoRef = React.createRef();↓
12  //this.create関数を呼び出す↓
13      this.create();↓
14    }↓
15  ↓
16  //Webページの起動時(①)↓
17    componentDidMount() {↓
18  //selectメソッドの呼び出し↓
19      this.select();↓
20    }↓
21    ↓
22    async create() {↓
23      await window.electronAPI.execSql('create');↓
24    }↓
25    ↓
26  //todoTableテーブルの一覧を取得して表示(②)↓
27    async select() {  ↓
28  //electronAPIのexecSqlを実行してToDoリストの一覧取得↓
29      const rows = await window.electronAPI.execSql('select');↓
30  //空の配列arrayを宣言↓
31      let array = [];↓
32  //rows配列の要素をループ↓
33      rows.forEach(element => {↓
34  //array配列にidとvalueの辞書型を追加↓
35        array.push({id:element.id,value:element.todo});↓
36      });↓
37  //listステートにarray配列をセット↓
38      this.setState({list:array});↓
39    }↓
40    ↓
41    async insert(e) {↓
42      const val = this.todoRef.current.value;↓
43      await window.electronAPI.execSql('insert',val);↓
44  //selectメソッドの呼び出し↓
45      this.select();↓
46    }↓
47        ↓
48    render() {↓
49      return <div className="App">  ↓
50        <table>↓
51          <thead><tr><td>↓
52            <button onClick={this.insert.bind(this)}>↓
53              追加</button>↓
```

▶CSSとは

　CSSで「タグ」内のフォントの色や大きさなどや、「タグ」の幅高さなどを設定することができます。HTML5だけでは「タグ」を無骨な表示しかできないところ、CSSで美しく見せます。

　CSSのcssファイルもJavaScriptのjsファイルも、本書ではhtmlファイルの外部に記述していますが、外部ファイルを使わずにhtmlファイルの内部に直接記述することもできます。

　CSSのコードはたとえば、次の図のようなコードです。cssファイルに記述します。

●CSSのコードの例

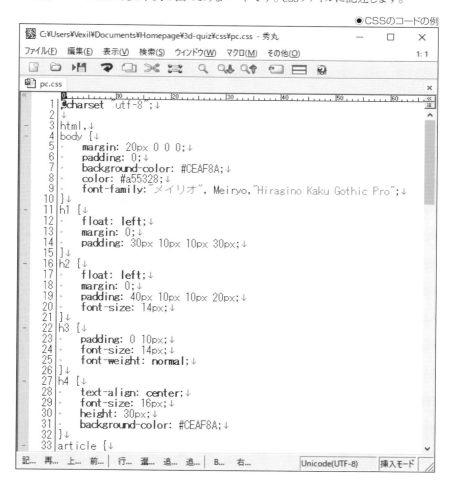

Reactについて

　この節では「HTML5+JavaScript+CSS」開発のためのフレームワーク「React」について解説します。

▌▌▌Reactとは

　「React」とはMeta（旧Facebook社）とコミュニティが開発する「HTML5+JavaScript+CSS」を作成するためのフレームワークです。フレームワークとはプログラムを作るための骨組みのようなものです。「React」の場合、「React」の仕組みに従ってプログラミングすれば、Webページである「HTML5+JavaScript+CSS」が生成されます。

　「React」を使えばWebページのフロントエンドの開発が非常に簡単になります。フロントエンドとはサーバーサイドに対してクライアントの見た目の表示のことです。

　Webページが作れる3大フレームワークには「React」「Vue.js」「Angular」があります。日本では「Vue.js」が人気ですが、世界的には「React」が圧倒的に人気があります。厳密には「React」はフレームワークというよりライブラリです。

　1番古いのは「Angular」フレームワークですが、書き出したindex.htmlはWebサーバー上でなければ実行できませんでした。それに対して「React」はWebブラウザならWebサーバー上でなくても書き出したindex.htmlがローカルで実行できます。

▶Reactの公式サイト

　「React」の公式サイトは次のURLです。公式サイトからインストーラをダウンロードするのではなく、「npm」を使ってダウンロードおよびインストールします。

- ●Reactの公式サイト
  - URL　https://reactjs.org

●Reactの公式サイト

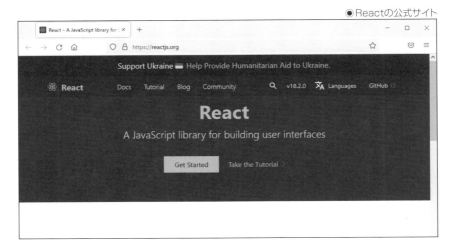

　「React」はMITライセンスのオープンソースソフトウェアで無料で使えます。2022年6月現在の最新バージョンは「18.2.0」です。

　「React」はインタラクティブなUIを作るが楽になります。「コンポーネント」という概念でWebデザインし、変更があったところだけ更新するので処理が高速です。「コンポーネント」には「クラスコンポーネント」と「関数コンポーネント」があり、後者が推奨されています。

　もちろん「React」で作成したWebページはパソコンのWebブラウザでもスマホのWebブラウザでも見ることができます。

▥ この章のまとめ

　この章では「Electron」を使えばWebページを作る技術で、WindowsやmacOSやLinuxのデスクトップアプリが作れることを解説しました。本書ではそのWebページを「React」を使って「HTML5+JavaScript+CSS」に書き出すことも解説しました。

CHAPTER 02

開発環境の構築

　この章では、はじめてのReactプロジェクトを作って「Hello, World!」のWebページを作ります。その後にそれをはじめてのElectronプロジェクトに書き換えてデスクトップアプリを作ります。

開発のための準備

　この節ではWindowsやmacOSに「Node.js」と「VS Code」をセットアップする方法を説明します。「Node.js」はプログラミング言語JavaScriptをWebページ以外のサーバーサイドなどでも実行できるようにするライブラリです。

▌ Node.jsについて

　ReactやElectronを実行するには「Node.js」が必要です。主に「Node.js」の「$ npm」コマンドを使って開発します。

　Reactから書き出したWebページ「HTML5+JavaScript+CSS」には「Node.js」は不要ですが、Electronから書き出したアプリの実行には「Node.js」も使います。

▶WindowsでのNode.jsのセットアップ

　Windowsでの「Node.js」のセットアップの手順を解説します。macOSをお使いの方は28ページを参照してください。

　Windowsでは「Node.js」は専用のインストーラが公式サイトからダウンロードできます。次の手順で操作します。

❶ 「https://nodejs.org」にアクセスします。

❷ [16.15.1 LTS]のボタンクリックし、インストーラをダウンロードします。バージョンは異なる可能性があります。「LTS」とは「Long Term Support」のことで直訳すれば「長期サポート」のことです。このバージョンのソフトウェアは長期間にわたって安定的にサポートされるので、「LTS」を選んだ方がよいでしょう。

●Windows版Node.jsのダウンロードページ

❸ ダウンロードしたインストーラ「node-v16.15.1-x64,msi」を実行します。ファイル名のバージョンは異なる可能性があります。

❹ インストーラが起動したら、「Welcome to the Node.js Setup Wizard」の画面が表示されるので[Next]ボタンをクリックします。

◉Windows版Node.jsのセットアップ画面

❺ 「End-User License Agreement」の内容を確認し、[I accept the terms in the License Agreement]をONにして、[Next]ボタンをクリックします。

❻ 「Destination Folder」ではデフォルトのまま[Next]ボタンをクリックします。

❼ 「Custom Setup」ではデフォルトのまま[Next]ボタンをクリックします。

❽ 「Tools for Native Modules」ではデフォルトのまま[Next]ボタンをクリックします。

❾ 「Ready to install Node.js」で[Install]ボタンをクリックします。「Node.js」のインストールが開始されます。

❿ 「Complete the Node.js Setup Wizard」で[Finish]ボタンをクリックします。これで「Node.js」のセットアップは完了です。

▶macOSでのNode.jsのセットアップ

　macOSでの「Node.js」のセットアップの手順を解説します。Windowsをお使いの方は26ページを参照してください。

　macOSでも「Node.js」は専用のインストーラが公式サイトからダウンロードできます。次の手順で操作します。

❶ 「https://nodejs.org」にアクセスします。

❷ [16.15.1 LTS]のボタンをクリックし、インストーラをダウンロードします。バージョンは異なる可能性があります。「LTS」とは「Long Term Support」のことで直訳すれば「長期サポート」のことです。このバージョンのソフトウェアは長期間にわたって安定的にサポートされるので、「LTS」を選んだ方がよいでしょう。

●macOS版Node.jsのダウンロードページ

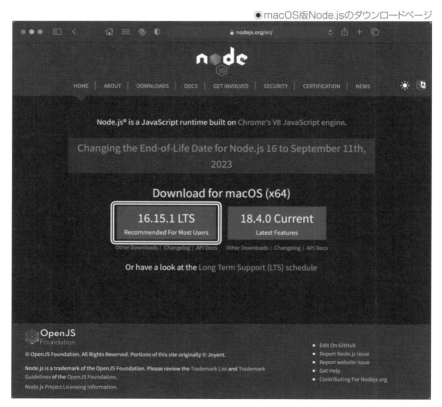

❸ ダウンロードしたインストーラ「node-v16.15.1.pkg」を実行します。ファイル名のバージョンは異なる可能性があります。

❹ インストーラが起動したら、「はじめに」の画面が表示されるので[続ける]ボタンをクリックします。

●macOS版Node.jsのセットアップ画面

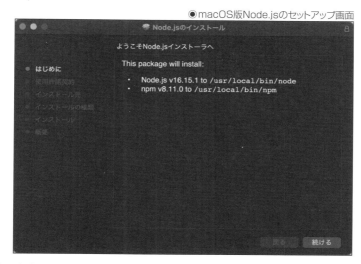

❺「使用許諾契約」で[続ける]ボタンをクリックします。

❻「使用許諾契約」を確認し、[同意する]ボタンをクリックします。

❼「インストールの種類」で[インストール]ボタンをクリックします。

❽「ユーザー名」と「パスワード」を入力し、[ソフトウェアをインストール]ボタンをクリックします。「インストール」が開始されます。

❾「概要」でインストールが完了したら[閉じる]ボタンをクリックします。これで「Node.js」のセットアップは完了です。

▓ Visual Studio Codeについて

本書では、ReactやElectronを使った開発には高機能エディタ「Visual Studio Code」（以降、VS Code）を使います。MITライセンスのオープンソースソフトウェアで無料で使えます。もちろん他のエディタを使っても開発できますが、筆者はVS Codeを使うことをおすすめします。

「コマンドプロンプト」アプリでコマンドを実行してReactを実行したりビルドしたりもできますが、VS Codeにも同じような機能の「ターミナル」が備わっているので後者を使います。

「VS Code」はMicrosoftが開発する高機能エディタです。ほとんどIDE（統合開発環境）といっていいぐらい高機能な開発ツールにもなります。

間違いを指摘してくれ修正するデバッグがわかりやすくできます。「VS Code」を使って実行すればデバッグの多くが可能です。

▶ WindowsでVisual Studio Codeのインストール

WindowsでのVS Codeのセットアップの手順を解説します。macOSをお使いの方は次ページを参照してください。

WindowsではVS Codeは専用のインストーラが公式サイトからダウンロードできます。次の手順で操作します。

❶ 「https://code.visualstudio.com/download/」にアクセスします。

❷ 「Windows」と書かれたボタンをクリックし、インストーラをダウンロードします。

◉ Windows版のVS Codeのダウンロードページ

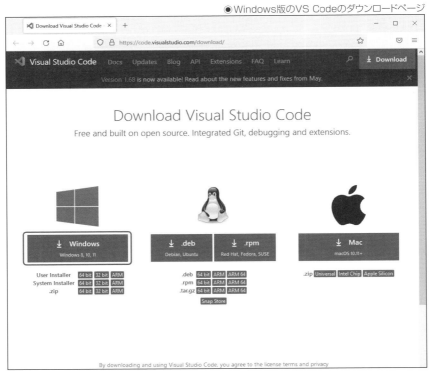

❸ ダウンロードしたインストーラ「VSCodeUserSetup-x64-1.68.1.exe」を実行します。ファイル名のバージョンは異なる可能性があります。

❹ 使用許諾契約書を確認し、[同意する(A)]をONにして、[次へ]ボタンをクリックします。

◉Windows版VS Codeのセットアップ画面

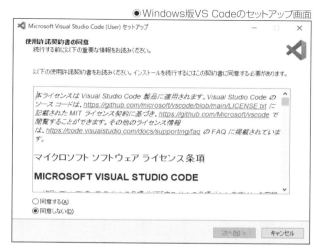

❺ 「インストール先の指定」ではデフォルトのままで[次へ]ボタンをクリックします。

❻ 「スタートメニューフォルダーの指定」ではデフォルトのままで[次へ]ボタンをクリックします。

❼ 「追加タスクの選択」ではをデフォルトのままでも、好きなように選択しても構いません。必要なタスクをONにし、[次へ]ボタンをクリックします。

❽ 「インストール準備完了」で[インストール]ボタンをクリックします。インストールが開始されます。

❾ 「Visual Studio Codeセットアップウィザードの完了」で[完了]ボタンをクリックします。これでインストールは完了です。

▶macOSでVS Codeのセットアップ

　macOSでのVS Codeのセットアップの手順を解説します。Windowsをお使いの方は前ページを参照してください。

　macOSではVS Codeは圧縮ファイルが公式サイトからダウンロードできます。次の手順で操作してください。

❶ 「https://code.visualstudio.com/download/」にアクセスします。

❷ 「macOS」と書かれたボタンをクリックし、圧縮ファイルをダウンロードします。

●macOS版のVS Codeのダウンロードページ

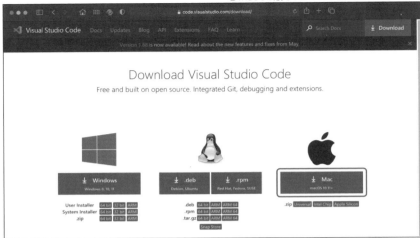

❸ ダウンロードした圧縮ファイルを解凍すると、「Visual Studio Code.app」ができます。

❹ 「Visual Studio Code.app」を「Finder」の「アプリケーション」フォルダにドラッグ＆ドロップします。これでセットアップは完了です。

●macOS版Visual Studio Code.app

COLUMN Visual Studio Codeの日本語化

　VS Codeはデフォルトで英語仕様です。本書では日本語化したVS Codeで解説するので、次のように操作し、日本語パックをインストールしてください。

❶ 画面左の「Extensions」をクリックします。

❷ 「Search Extensions in Marketplace」に「Japanese」と入力します。

❸ 表示された検索結果で「Japanese Language Pack for Visual Studio Code」にある「Install」ボタンをクリックします。

●日本語パックのインストール

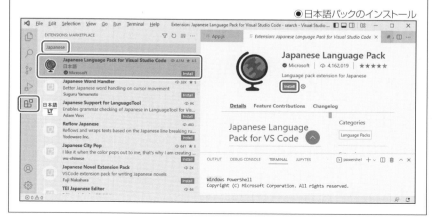

はじめてのReact開発

この節では、Reactプロジェクトを作成して、「Hello, World!」という文字を表示するだけの最もシンプルなWebページを作ります。この節の作業手順はWindowsもmacOSも共通です。

Ⅲ Reactの準備

Reactプロジェクトを作ってはじめてのWebページを作ります。その前にもう少しReactの準備が必要です。Reactプロジェクトを作成するにはまず「React CLI」をインストールし、それから「create-react-app」コマンドでReactプロジェクトを新規作成し、VS Code上で「Hello, World!」だけのコードを書いて「ターミナル」で実行します。

▶ React CLIのインストール

「React CLI」はVS Codeの「ターミナル」で「$ npm」を使ってインストールします。CLIとはコマンドラインインターフェースの頭文字をとった名前で、GUIがマウスだけでOSを操作するのに対し、文字を入力してコマンドなどを実行します。

「ターミナル」はVS Codeで「表示」メニューから「ターミナル」を選択すると表示できます。

●VS Codeのターミナル

ターミナルが表示できたら、次のコマンドを実行して「React CLI」をインストールします。なお、「$」はコマンドの入力を表しているだけで、入力する必要はありません。

● React CLIのインストール

```
$ npm install react
```

▶Reactプロジェクトの新規作成

いきなりElectron+Reactのプロジェクトを作れる「create-electron-react」もありますが、本書では使いません。もちろんWebページだけの実行は必要なく、いきなりElectronアプリを作りたいなら「create-electron-react」も使えます。

本書ではまずReactプロジェクトを作ってWebページを実行します。それからそれをElectronプロジェクトに書き換えてElectronを使ってデスクトップアプリを作ります。

❶ よくわかる場所に新規にフォルダーを作成します(ここでは「Electron」フォルダーとします)。

❷ 「VS Code」の「ファイル」メニューから「フォルダーを開く」を選択し、作成したフォルダーを選択して[フォルダーの選択]ボタンをクリックします。

❸ 「ターミナル」で次のコマンドを実行します。これは「hello」プロジェクトを新規作成するコマンドで、❷で選択したフォルダー内に「hello」フォルダーが作られます。作成には数分かかることもあります。

● Reactプロジェクトの新規作成

```
$ npx create-react-app hello
```

❹ 「VS Code」の「ファイル」メニューから「フォルダーを開く」を選択し、「Electron」→「hello」フォルダーを選択して、[フォルダーの選択]ボタンをクリックします。

● 「hello」フォルダーを開いたところ

Hello, World!ページ

ここまででWebページを作る準備が整いました。ではこれからWebページを作りましょう。

はじめてのReactアプリは単純に「Hello, World!」とだけWebブラウザに表示します。たいていの入門書では最初に「Hello, World!」と表示するだけのアプリを作るのが通例となっています。

▶Hello, World!ページの作成

新規作成した「hello」プロジェクトにある「App.js」ファイル全体を次のコードのように書き換えます。他のファイルはそのままでOKです。

SAMPLE CODE App.js

```
import './App.css';

// 関数コンポーネント
function App() {
  // HTML5の本文
  return (
    <h1>Hello, World!</h1>
  );
}
export default App;
```

<h1>タグは最上位の見出しを表すタグです。

もちろんコードを書いただけでは何も起きません。Webブラウザに表示するにはこのコードを実行する必要があります。

▶Hello, World!ページの実行

ターミナルで次のコマンドを実行します。

●helloプロジェクトの実行

```
$ npm start
```

すると、次の図のように「Hello, World!」とだけ表示されます。最もシンプルといっていいぐらいのWebページができました。

●Webページの表示

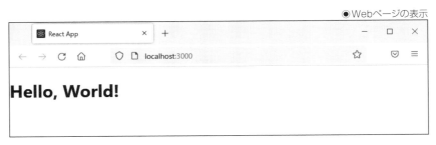

実行を終了するには、ターミナルをアクティブにして「control+C」キーを押します。

COLUMN	Reactプロジェクトのビルド

本節では、まだ「hello」プロジェクトをビルドしていないので、仮に実行しただけです。本書ではElectronアプリを作るのがテーマなので、Webページを仮に表示するだけで「HTML5+JavaScript+CSS」に書き出すことはしません。

もし、Webページに書き出したいなら次のコマンドを入力して実行してください。ビルドに成功したら同じディレクトリに「build」フォルダーが作成され、その中に完成した「HTML5+JavaScript+CSS」のファイルが生成されます。

◉helloプロジェクトのビルド

```
$ npm run build
```

はじめてのElectron開発

前節に続けてこの節では、WindowsやmacOSでElectronでWebページをデスクトップアプリに書き出す解説をします。

Electronの準備と実行について

本書のテーマであるElectronで最もシンプルなデスクトップアプリを作ります。この節ではElectronを実行するまでの手順だけを解説し、詳しくは次の章で解説します。

「electron.js」に記述したものが「メイン」部分になり、Reactで書き出した「index.html」がメインウィンドウに描画する「レンダラー」部分になります。ElectronとReactは次の図のような関係になります。

●ElectronとReactの関係

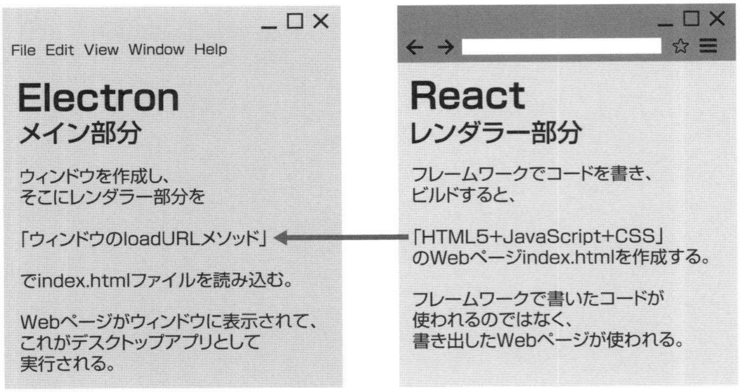

_ □ ×

File Edit View Window Help

Electron
メイン部分

ウィンドウを作成し、
そこにレンダラー部分を

「ウィンドウのloadURLメソッド」

でindex.htmlファイルを読み込む。

Webページがウィンドウに表示されて、
これがデスクトップアプリとして
実行される。

_ □ ×

React
レンダラー部分

フレームワークでコードを書き、
ビルドすると、

「HTML5+JavaScript+CSS」
のWebページindex.htmlを作成する。

フレームワークで書いたコードが
使われるのではなく、
書き出したWebページが使われる。

メイン部分とレンダラー部分は独立していて、Electronでしか実装できない機能もあるので、Reactとやり取りしてReactからElectronの機能を実行できるようにもできる。

▶ Electronのインストール

VS Codeの「ターミナル」でコマンドを実行し、Electronをインストールします。「ターミナル」は「VS Code」で「表示」メニューから「ターミナル」を選択すると表示できます。

まずElectronの開発ができるようにCLIをインストールします。「$ npm」を使って「electron-is-dev」モジュールを本番の実行時や開発時に必要な「dependencies」に、「cross-env」「electron」「electron-builder」「npm-run-all」「wait-on」モジュールを開発時に必要な「devDependencies」にインストールします。

　具体的には次の2つのコマンドを実行します。1つ目のコマンドでインストールする「elect
ron-is-dev」モジュールはElectronが開発用のものか本番用のものかを見分けるための
機能です。2つ目のコマンでインストールするものがElectronの開発に必要な「cross-env」
「electron」「electron-builder」「npm-run-all」「wait-on」モジュールです。

◉開発時か判定するElectronのインストール

```
$ npm install electron-is-dev
```

◉Electronのインストール

```
$ npm install cross-env electron electron-builder npm-run-all wait-on -D
```

▶「electron.js」ファイルの作成

　ElectronからWebページを読み込む「メイン」部分のコードを「electron.js」ファイルに
書きます。コードの解説は次の章で詳しく解説します。
　「public」フォルダをに「electron.js」ファイルを作成し、次のコードを記述します。これ
は、Reactで実行してできた「index.html」ファイルを読み込んで表示するコードです。

SAMPLE CODE electron.js

```javascript
const {app, BrowserWindow} = require('electron')
const path = require('path')
const isDev = require("electron-is-dev");

function createWindow() {
  const mainWindow = new BrowserWindow({
    width: 800,
    height: 600,
    webPreferences: {
      preload: path.join(__dirname, 'preload.js')
    }
  })

  mainWindow.loadURL(
    isDev
      ? "http://localhost:3000"
      : `file://${path.join(__dirname, "../build/index.html")}`
  );
}

app.whenReady().then(() => {
  createWindow()

  app.on('activate', function () {
    if (BrowserWindow.getAllWindows().length === 0) createWindow()
```

▼

```
  })
})

app.on('window-all-closed', function () {
  if (process.platform !== 'darwin') app.quit()
})
```

▶「preload.js」ファイルの作成

　「preload.js」ファイルはReactとElectronをつなぐときに使います。なぜかというとElectronでしか書けないコードを「index.html」とやり取りするためです。

　「public」フォルダに「preload.js」ファイルを作成します。ただし、ここでは中身は何もコードを書きません。

▶「package.json」の編集

　「pacakge.json」を次のように変更し、Electron用のプロジェクト設定にします。

SAMPLE CODE package.json

```
{
  "name": "hello",
  "version": "0.1.0",
  "private": true,
  "main": "public/electron.js",
  "homepage": ".",
  "dependencies": {
    "@testing-library/jest-dom": "^5.16.4",
    "@testing-library/react": "^13.3.0",
    "@testing-library/user-event": "^13.5.0",
    "electron-is-dev": "^2.0.0",
    "react": "^18.2.0",
    "react-dom": "^18.2.0",
    "react-scripts": "5.0.1",
    "web-vitals": "^2.1.4"
  },
  "scripts": {
    "react-start": "cross-env BROWSER=none react-scripts start",
    "react-build": "react-scripts build",
    "react-test": "react-scripts test",
    "react-eject": "react-scripts eject",
    "start-electron": "wait-on http://localhost:3000 && electron .",
    "electron-build": "electron-builder",
    "electron-start": "run-p react-start start-electron",
    "start": "react-scripts start",
    "build": "run-s react-build electron-build"
```

```
  },
  "eslintConfig": {
    "extends": [
      "react-app",
      "react-app/jest"
    ]
  },
  "browserslist": {
    "production": [
      ">0.2%",
      "not dead",
      "not op_mini all"
    ],
    "development": [
      "last 1 chrome version",
      "last 1 firefox version",
      "last 1 safari version"
    ]
  },
  "devDependencies": {
    "cross-env": "^7.0.3",
    "electron": "^19.0.5",
    "electron-builder": "^23.1.0",
    "npm-run-all": "^4.1.5",
    "wait-on": "^6.0.1"
  }
}
```

　上記の「package.json」では、下記部分でメイン（main）のファイルを「public」フォルダー内の「electron.js」に設定し、書き出した「index.html」をホームページ（homepage）の設定で相対パスで実行できるようにします。

◉「package.json」で最初に読み込むjsファイルと相対パス設定

```
  "main": "public/electron.js",
  "homepage": ".",
```

　「scripts」の部分は「$ npm」で短い名前でコマンドを実行するために、前もって実行するコマンドを書いたものです。「$ npm run react-start」なら「cross-env BROWSER=none react-scripts start」を実行します。

●「package.json」で実行する省略スクリプト

```
"scripts": {
  "react-start": "cross-env BROWSER=none react-scripts start",
  "react-build": "react-scripts build",
  "react-test": "react-scripts test",
  "react-eject": "react-scripts eject",
  "start-electron": "wait-on http://localhost:3000 && electron .",
  "electron-build": "electron-builder",
  "electron-start": "run-p react-start start-electron",
  "start": "react-scripts start",
  "build": "run-s react-build electron-build"
},
```

▶Electronアプリの実行

実行中のReactがあればターミナルをアクティブにして「control+C」キーを押して停止します。実行すると前節とは違ってWebブラウザではなく独自のウィンドウにWebページが表示されます。

VS Codeの「ターミナル」で次のコマンドを入力して実行します。このコマンドは「package.json」の「scripts」で設定した「electron-start」（実際のコマンドは「run-p react-start start-electron」）が実行されます。

●Electronでの実行

```
$ npm run electron-start
```

すると、次の図のように表示されます。

●Electronで実行したhelloプロジェクト

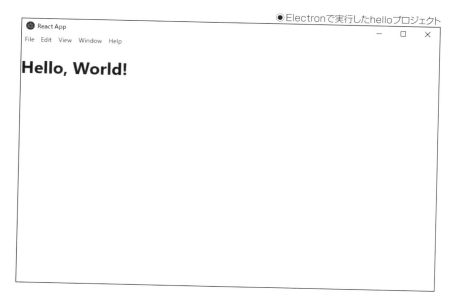

▶Electronアプリのビルド

「ターミナル」をアクティブにして「control+C」キーを押して実行中のElectronを停止します。ここで実行するビルドについてはCHAPTER 07で詳しく解説します。

VS Codeのターミナルで次のコマンドを入力してビルドします。実行すると「build」フォルダーにWebページが、「dist」フォルダーにElectron製のデスクトップアプリとそのインストーラが作成されます。

●ビルドの実行

```
$ npm run build
```

●「dist」フォルダー

||| この章のまとめ

　この章では、ReactとElectronを準備して、はじめてのReactのWebページとElectronのデスクトップアプリを作成しました。あえてWebページをReactで作らなくても他のフレームワークや単純に「HTML5+JavaScript+CSS」のWebページでもElectronで読み込んで表示できます。

CHAPTER 03

ToDoリストの開発

この章では単純なやるべきことをリストアップするだけのToDoリストを作ります。

この章で作成するToDoリストについて

この節ではこの章で開発するToDoリストのReactアプリとElectronアプリについて、最終的にどのようなプロジェクトやアプリが完成するか解説します。

この章で作成するToDoリストのアプリ

本書で作るToDoリストは、やるべきことを1行ずつ入力するだけの簡単なアプリです。これだけですがWebページを動的に処理する機能を実装します。

ただし、この章で作るToDoリストは、データを保存するコードを実装しないので、アプリを終了すると追加したリスト項目がなくなります。データベースのSQLiteを利用してToDoリストを保存するサンプルはCHAPTER 06で解説します。データベースが使えるようになるとデータを読み書きできるようになり、非常にデスクトップアプリで作れる種類の幅が広がります。

サンプルをそのまま作るだけでなく、自分で考えて機能を追加するなどしてみてください。コードの改造もプログラミング習得の第1歩です。

▶ToDoリストのサンプルを見る

まずこの章で完成するToDoリストのアプリを実行して見てみます。最低限の機能しかないので、入門用として簡単にプログラミングできます。

次の図のようなElectron製のToDoリストを開発します。見ての通りHTML5の<table>タグと<button>タグと<input>タグを使っただけのシンプルなUIです。

●Electron製ToDoリスト

サンプルファイルをC&R研究所のサイトからダウンロードしたら、35ページの要領でVS Codeで「todo」→「3-4」フォルダーを開いて、「ターミナル」で次のコマンドを入力してください。ファイルサイズの関係で大きなファイルサイズの「node_modules」フォルダーを一緒に入れていないので、このコマンドでインストールが必要です。

◉不足した「node_modules」フォルダーのインストール

```
$ npm install
```

次のコマンドで「todo」→「3-4」プロジェクトを実行します。起動したら、任意のやるべきことを<input>タグに入力して「追加」ボタンをクリックしてください。

◉todoプロジェクトのElectron実行

```
$ npm run electron-start
```

なお、次のコマンドならWebブラウザで動作します。この場合、Electronの機能は使いません。

◉todoプロジェクトのReact実行

```
$ npm start
```

III ToDoリストのプロジェクト階層図

CHAPTER 02でははじめての「Electron」アプリとして「Hello, World!」を表示するだけのアプリを実装しました。この章ではもう少し進化して、入力した文字を<table>タグに追加するインタラクティブな機能も作ります。

この章では38ページで解説したElectronアプリの作り方はそのままです。まずオリジナルのReactプロジェクトを作成するので35ページの要領で「todo」プロジェクトを作成します。

それ以外、特に「electron.js」ファイルや「preload.js」ファイルにElectronの機能は追加しません。この章の60ページでElectronアプリを作るときまで38ページのようにElectronプロジェクトを作成するのは待ってください。

この章で最終的にファイル階層図は次ページのようになります。説明を書いたファイルだけReactテンプレートに追加・変更します。

「build」フォルダーはReactでWebページが生成されたファイルが作られます。このフォルダーの「index.html」をローカルで実行したり、このフォルダーごとFTPでWebサーバーにアップロードしたらWebページが実行できます。

「dist」フォルダーはElectronでデスクトップアプリとインストーラが生成されたファイルが作られます。「dist」とは「Distribution」の略語で「配布」という意味です。

●本章で作る「todo」フォルダーの階層図

```
todoフォルダー
 ├buildフォルダー
 ├distフォルダー
 ├node_modulesフォルダー
 ├publicフォルダー
 |  ├electron.jsファイル(Electronのメイン機能)
 |  ├favicon.icoファイル
 |  ├index.htmlファイル
 |  ├logo192.pngファイル
 |  ├logo512.pngファイル
 |  ├manifest.jsonファイル
 |  ├preload.jsファイル(メインのElectronとReactレンダラーをつなぐ機能)
 |  └robots.txtファイル
 ├srcフォルダー
 |  ├App.cssファイル(cssファイルでHTML5タグを装飾)
 |  ├App.jsファイル(ToDoリストのWebページを作成)
 |  ├App.test.jsファイル
 |  ├index.cssファイル
 |  ├index.jsファイル
 |  ├reportWebVitals.jsファイル
 |  └setUpTests.jsファイル
 ├.gitignoreファイル
 ├package-lock.jsonファイル
 ├package.jsonファイル(このtodoアプリの構成ファイル)
 └README.mdファイル
```

　ダウンロードしたサンプルファイルのプロジェクトでは「package.json」ファイルで Electronを実行するように設定しています。次の節からはまず「package.json」ファイルはReactでWebページを作る設定から始めます。

　CHAPTER 02のようにまずReactプロジェクトを作って、ある程度、Webページが完成したらReactプロジェクトをElectronプロジェクトに書き換えてデスクトップアプリとして実行できるようにします。

　ToDoリストのプログラムの流れは次の図のようになります。アプリを実行するとまずElectronから起動します。

◉ ToDoリストのプログラムの流れ

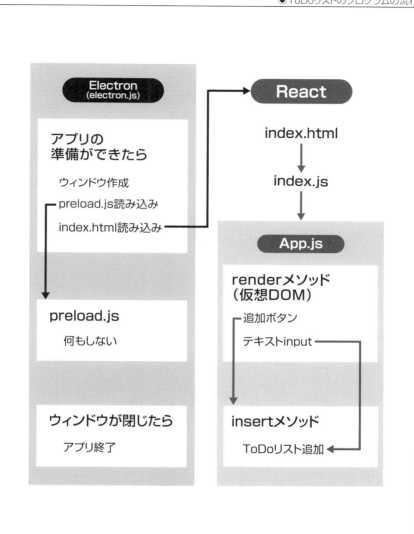

<table>
<tr><td>COLUMN</td><td>「node_modules」フォルダーの削除</td></tr>
</table>

　　各節のサンプルファイルで「node_modules」フォルダーをインストールしますが、すべてのサンプルで「node_modules」フォルダーをインストールしたままだと非常にHDDの容量が使われてしまいます。使わなくなったサンプルの「node_modules」フォルダーは削除しても構いません。

ReactでToDoリストを実装する

この節ではToDoリストのReactプロジェクトを新規作成し、少しだけToDoリストを作ります。まだElectronアプリは作りません。

III 「todo」プロジェクトの作成

35ページの要領で次のコマンドを実行し、Electronフォルダーに「todo」プロジェクトを新規作成します。

●Reactプロジェクトの新規作成

```
$ npx create-react-app todo
```

この際「todo」は必ずすべて小文字にしてください。「ToDo」などのように大文字が入っているとエラーとなり、プロジェクトを新規作成できません。

この章のプログラミングは「src」→「App.js」ファイルにだけコードをプログラミングします。装飾に「src」→「App.css」だけコードを追加します。

III 「App.js」のコード

「src」→「App.js」ファイルを次のように書き換えます。主にコメントがあるコードだけ追加します。

SAMPLE CODE App.js

```
// Reactモジュールのインポート
import React, { Component } from 'react';
// スタイルシートのインポート
import './App.css';

// Componentクラスを継承したAppクラスの宣言(①)
class App extends Component {
  // state辞書の宣言(②)
  state = {
    // listキーに配列のバリューをセット
    list: [{id:0,value:"ToDoリストを書く"},],
  };
  // コンストラクタ(③)
  constructor(prop) {
    // 親クラスのComponentクラスのコンストラクタを呼び出す
    super();
  }
  // 仮想DOMでHTML5を描画する(④)
  render() {
```

▼

```
  // HTML5を返す
  return <div className="App">
    {/*テーブルタグ*/}
    <table>
      {/*テーブルヘッドタグ*/}
      <thead><tr><td>
        {/*ボタンタグ*/}
        <button>追加</button>
      {/*テーブル項目タグ*/}
      </td><td>
      {/*テーブルヘッドタグを閉じる*/}
      </td></tr></thead>
      {/*テーブルボディータグ*/}
      <tbody>
        {/*state.listの配列をループしてテーブルに一覧表を表示する(⑤)*/}
        {this.state.list.map(item => <tr key={item.id}>
          <td>{item.id}</td><td>{item.value}</td>
        </tr>)}
      {/*テーブルボディタグを閉じる*/}
      </tbody>
    {/*テーブルタグを閉じる*/}
    </table>
  {/*ディバイデッドタグを閉じる*/}
  </div>
  }
}

// Appクラスを他のファイルからインポートできるように
export default App;
```

　上記のコードの中でも特に重要な①〜⑤の解説は次の通りです。36ページではレンダリングしたHTML5のタグをreturnで返すだけでしたが、ここではプロパティやコンストラクタもあります。

▶Componentクラスを継承したAppクラスの宣言(①)

　①では「クラスコンポーネント」を宣言しています。他にも36ページのような「関数コンポーネント」もあり推奨されていますが、この章では両者の解説のために「クラスコンポーネント」を使っています。

▶state辞書の宣言(②)

　「ステート(state)」辞書はこの値がセットされた場合、「render」メソッド(④)を呼び出してUIの変更したところだけ更新して描画します。クラスに所属する「変数」を「プロパティ」といい、「this」を使ってアクセスできます。

▶ コンストラクタ（③）

　③でコンストラクタを作成しています。「コンストラクタ（constructor）」とは、「App」クラスの「インスタンス」が生成されるときに最初に呼ばれる「メソッド」です。「インスタンス」とは「実体」という意味で、たとえば、車の設計図がクラスに当たり、設計図をもとに作られた実物が「インスタンス」に当たります。「メソッド」とはクラスに所属する「関数」のことです。

▶ 仮想DOMでHTML5を描画する（④）

　「Component」クラスの「render」メソッドでHTML5のタグを作成して、「index.html」ファイルに表示します。「public」→「index.html」はコーディング中のHTML5ファイルで、Reactを実行したときに実行可能な「index.html」に変換されたファイルの方が使われます。

　次の図が「仮想DOM」と「リアルDOM」の関係になります。クラスコンポーネントや関数コンポーネントから「仮想DOM」を返し、Reactを実行したら「リアルDOM」に変換されたものがWebページになります。

● 仮想DOMとリアルDOMの関係

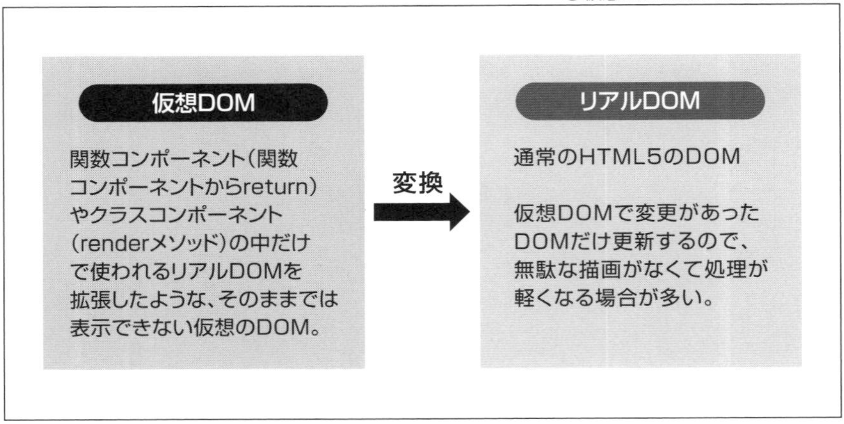

▶ state.listの配列をループしてテーブルに一覧表を表示する（⑤）

　「this.state.list」配列（②で宣言）の「map」メソッドは配列の要素数だけループして繰り返します。ここでは繰り返す「this.state.list」配列の各要素が「item」変数に代入され、「list」キーのバリューの辞書「id」キーの値と「value」キーの値をテーブルの一覧表に表示します。<tr key={item.id}>のkeyはなくてもいいのですが、一意のキーの値を代入しないと警告が出ます。

　「render」メソッド内の「return」で「変数」や「プロパティ」や「関数」や「メソッド」を使うときに「{」～「}」で囲みます。

||| 動作確認

この節で書いたコードを動作確認するには36ページの要領でVS Codeのターミナルで次のコマンドを実行します。これでReactの書式で書かれたコードが実行可能な「HTML5+JavaScript+CSS」に変換されます。

まだElectronのデスクトップアプリではなくWebブラウザアプリです。先にReactアプリを作ってから、後の節でElectronアプリに書き出します。

●ReactをWebページに変換して実行

```
$ npm start
```

コマンドを実行するとWebブラウザが開いて、次の図のように「追加」ボタンと1行の一覧表だけが表示されます。Webブラウザで「index.html」ファイルが実行されて「index.js」ファイルから「App.js」ファイルが呼ばれて「App」クラスの「render」メソッドでHTMLが描画されます。

ここではToDoリストの最小限のコードを書いただけです。次の節でCSSを適用してボーダーを描画して一覧表らしく枠を描きます。

●ToDoリストの作り始め

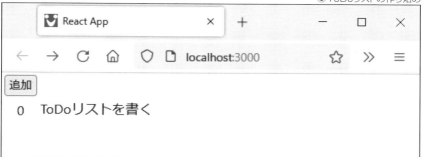

COLUMN　　**JavaScriptのコメントアウト**

コメントアウトとは説明などを書いておくだけで実行はされない文で、通常のJavaScriptでは「//」がコメントアウトです。ただし「クラスコンポーネント」や「関数コンポーネント」の描画をreturnで返すところではコメントアウトに「{/*」〜「*/}」を使って囲みます。

COLUMN　　**モジュールの読み込み**

「import 名前 from モジュール」でそのjsファイルに「モジュール」を読み込めます。「モジュール」とはjsファイルそのもので、他のjsファイルで書いた機能を自分のjsファイルで使えるようにしたものです。

CSSについて

この節ではReactでToDoリストのWebページにCSSを適用します。

▌CSSとは

前節ではToDoリストのWebページがデフォルトの装飾のままだったので、この節では
CSSを適用します。CSSとはスタイルシートのことです。

CSSでタグや「class」セレクタや「id」セレクタで指定したものに装飾を指定できます。
「class」セレクタは1つのWebページで複数使えますが、「id」セレクタは1つのWebペー
ジで1個しか使えません。

CSSの装飾は主に、幅高さなどのサイズや、内側と外側の余白や、ボーダーの線や、
タグの並びなどがあります。要するにCSSでは配置の装飾が1番重要です。

Webブラウザによっては JavaScript をオフにして機能できないようにする選択肢があります
が、CSSは常に適用されます。なのでCSSは最低限必要なぐらいの機能でもあります。

▌「App.css」のコード

「src」→「App.css」ファイルを次のように書き換えます。主にコメントがあるコードだけ
追加します。

SAMPLE CODE App.css

```
/*Appクラスセレクタ(①)*/
.App {
  /*余白を上下左右10pxずつ(②)*/
  padding: 10px;
}
/*tdセレクタ(③)*/
td {
  /*ボーダーの線(④)*/
  border: 1px solid #000;
}
/*buttonセレクタ、inputセレクタ(⑤)*/
button,
input {
  /*余白を上下左右5pxずつ(⑥)*/
  margin: 5px;
}
```

上記のコードの中で重要な①〜⑥の解説は次の通りです。CSSは見た目の装飾だけ
なので、読者のこだわり次第です。

▶Appクラスセレクタ（①）

「.App」セレクタの「.」とはHTML5タグに書く「class」属性のことです。Reactでは「className」属性も使います。

▶余白を上下左右10pxずつ（②）、余白を上下左右5pxずつ（⑥）

余白は「padding」と「margin」があります。「padding」は内側の余白のことで、「margin」は外側の余白のことです。

▶tdセレクタ（③）、buttonセレクタ、inputセレクタ（⑤）

クラス属性やid属性を指定しなくても「td」「button」「input」などのタグ自体にCSSを適用できます。これらはクラス属性やid属性を指定してもタグにCSSが適用されます。

▶ボーダーの線（④）

「border」でボーダーの線をここでは、太さ1pxで、1本線（solid）で、黒色（#000）に指定します。「border-top」「border-bottom」「border-left」「border-right」でもボーダーの上下左右に別々にCSSを指定できます。

||| 動作確認

この節で書いたコードを動作確認するには36ページの要領でVS Codeのターミナルで次のコマンドを実行します。CSSはReactの書式はなく一般のCSSと同じです。

●ReactをWebページに変換して実行

```
$ npm start
```

コマンドを実行するとWebブラウザが開いて、次の図のように枠（Border）が描かれた「追加」ボタンと1行の一覧表だけが表示されます。ここではToDoリストの最小限のコードに適用させるCSSを書いただけです。

Webブラウザで「index.html」ファイルが実行されて「index.js」ファイルから「App.js」ファイルが呼ばれて「App」クラスの「render」メソッドで「App.css」でレイアウトされたHTMLが描画されます。

●ToDoリストにCSSを適用

| COLUMN | CSSのコメントアウト |

CSSのコメントアウトは「/*」〜「*/」で囲みます。

ToDoリストのWebページ版の完成

この節ではReactでToDoリストのWebページだけ完成させます。追加ボタンを押したらやるべきことを一覧表に追加できます。

ToDoリストのWebページ

最低限の機能だけですが、この節でTodoリストのWebページ版が完成です。見るだけのWebページではなく、インタラクティブに見た目が変化します。

やっとToDoリストに複数の項目を表示できるようになったと思われるでしょうが、すでに50ページで<table>の<tbody>の<tr>の<td>タグに、配列の「map」メソッドでToDoリストを一覧表示するコードは実装しています。ただ今までは「this.state.list」配列の要素が1つしかなかっただけです。

「insert」メソッドでlistステートの配列をローカル変数で取り出しています。「App」クラスのプロパティとしてToDoリストの「array」配列を宣言する手もあるかもしれません。どちらがいいかは場合によって決めてください。

ステート(state)で使っている辞書型とは「連想配列(Dictionary)」のことです。辞書型は配列の要素としても持つことができます。

「App.js」のコード

「src」→「App.js」ファイルを次のように書き換えます。主にコメントがあるコードだけ追加します。

SAMPLE CODE App.js

```
import React, { Component } from 'react';
import './App.css';

class App extends Component {
  state = {
    list: [{id:0,value:"ToDoリストを書く"},],
  };

  constructor(prop) {
    super();
    // DOMノードやReact要素にアクセスする方法を作成(①)
    this.todoRef = React.createRef();
  }

  // ToDoリストに項目を1つ追加するメソッド
  insert(e) {
```

▼

```
      // this.state.list配列をarray変数に代入
      let array = this.state.list;
      // this.state.listの要素数をid番号に代入
      const id = this.state.list.length;
      // inputタグに入力された文字列をval変数に代入(②)
      const val = this.todoRef.current.value;
      // array配列に辞書型の要素を追加
      array.push({id:id,value:val});
      // listにarray配列をセットして、renderで再描画(③)
      this.setState({list:array});
    }

    render() {
      return <div className="App">
        <table>
          <thead><tr><td>
            {/*ボタンタグがクリックされたらthis.insertメソッドを呼び出す(④)*/}
            <button onClick={this.insert.bind(this)}>
              追加</button>
          </td><td>
            {/*テキスト入力タグにrefをセット(⑤)*/}
            <input type="text" ref={this.todoRef} size="50" />
          </td></tr></thead>
          <tbody>
            {this.state.list.map(item => <tr key={item.id}>
              <td>{item.id}</td><td>{item.value}</td>
            </tr>)}
          </tbody>
        </table>
      </div>
    }
  }

export default App;
```

　上記のコードの中でも特に重要な①～⑤の解説は次の通りです。コンストラクタだけでなく「insert」メソッドなど任意のメソッドのコードも追加できます。

▶DOMノードやReact要素にアクセスする方法を作成(①)

　①は⑤の<input>タグの「ref」で入力された値にアクセスするための準備をします。「this.」が付いているのでAppクラスのプロパティを表しています。

▶inputタグに入力された文字列をval変数に代入（②）

②は⑤で入力された値を「this.todoRef」プロパティの「current.value」プロパティで取得します。ここで取得した値を代入した「val」変数は値が変化しないので「const（不変）」で「val」変数を宣言しています。

▶listにarray配列をセットして、renderで再描画（③）

「this.state」プロパティに「this.setState」でステートをセットすることで「render」メソッドを呼び出してHTML5を再描画します。「state」プロパティが変化しないと「render」メソッドで再描画されません。

▶ボタンタグがクリックされたらthis.insertメソッドを呼び出す（④）

必ずクラスのメソッドをバインド（bind）しないと、デフォルトではバインドされません。this.insertへのバインドをせずに「onClick」に渡した場合、実際にメソッドが呼ばれると「this」は「undefined」となり使えません。

▶テキスト入力タグにrefをセット（⑤）

<input>タグをテキスト（text）入力モードにして、入力された文字をrefで取得します。sizeはテキスト入力欄の幅のサイズで、pxではなく大きさです。

■ 動作確認

この節で書いたコードを動作確認するには36ページの要領でVS Codeのターミナルで次のコマンドを実行します。これでReactの書式で書かれたコードが実行可能な「HTML5+JavaScript+CSS」に変換されます。

● ReactをWebページに変換して実行

```
$ npm start
```

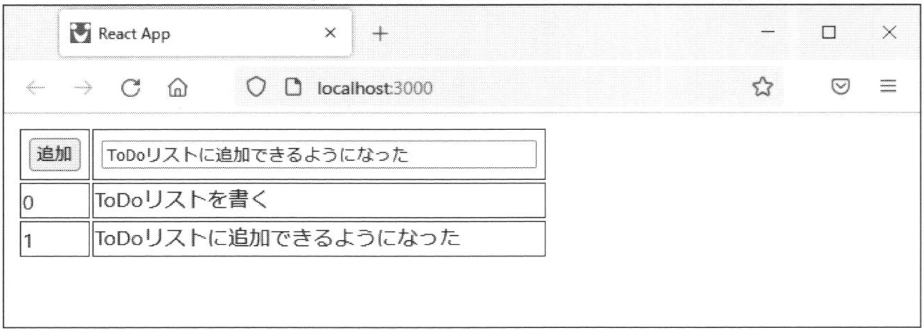

コマンドを実行するとWebブラウザが開いて、次の図のように「追加」ボタンを押しただけ行が一覧表に表示されます。追加ボタンをクリックすると、<input>タグに入力した文字列を<table>タグに追加できるようになります。

Webブラウザで「index.html」ファイルが実行されて「index.js」ファイルから「App.js」ファイルが呼ばれて「App」クラスの「render」メソッドでHTMLが描画されます。

● ToDoリストのWebページでやるべきことが追加できるようになった

COLUMN	コードの解説をしてるだけ？

　本書ではシンプルなサンプルのコードを解説しながらElectronとReactを解説します。コードの解説をしているだけと思われるでしょうが、コードの中でどのように機能が使われているか実践的に解説します。

ElectronでToDoリストのデスクトップアプリ

この節ではElectronでToDoリストのデスクトップアプリを作ります。

▐▐▐ Electronプロジェクト

「todo」プロジェクトに39〜40ページで作成した「electron.js」ファイルと「preload.js」ファイルを「public」フォルダーにコピー＆ペーストします。

また、40ページの要領で「package.json」を書き換えます。これでElectronデスクトップアプリが作れるようになります。

この章ではElectronでメインウィンドウを表示してWebページを読み込んで表示するだけです。主な処理はWebページで作っただけです。

次の章以降ではElectron特有の機能も追加します。Electron特有の機能はWebページでは実装ができないファイルダイアログやデータベースなどを扱います。

▐▐▐ 「electron.js」のコード

「electron.js」ファイルはElectronのメインウィンドウに、前節までで作ったReactのWebページを読み込んで表示します。Reactプロジェクトそのままではなく、それを「HTML5+JavaScript+CSS」に書き出したWebページをメインウィンドウに「loadURL」メソッドで読み込みます。「electron.js」のコードだけでElectronを使ってWebページをデスクトップアプリ化します。

SAMPLE CODE electron.js

```
// ElectronモジュールのappとBrowserWindowを読み込み（①）
const {app, BrowserWindow} = require('electron')
// パス機能の読み込み
const path = require('path')
// 開発用かどうか調べるモジュールの読み込み
const isDev = require("electron-is-dev");

// メインウィンドウ作成関数
function createWindow() {
  // メインウィンドウの作成（②）
  const mainWindow = new BrowserWindow({
    // メインウィンドウの幅
    width: 800,
    // メインウィンドウの高さ
    height: 600,
    // Webページの機能の設定
    webPreferences: {
```

▼

```
      // 他のJavaScriptのスクリプトが実行される前に、事前に読み込み
      preload: path.join(__dirname, 'preload.js')
    }
  })
  // メインウィンドウにWebページの読み込み(③)
  mainWindow.loadURL(
    // 開発中の場合のhtmlファイルの読み込み
    isDev ? "http://localhost:3000"
    // 本番ビルドの場合のhtmlファイルの読み込み
    : `file://${path.join(__dirname, "../build/index.html")}`
  );
}

// Electronアプリが準備できた場合(④)
app.whenReady().then(() => {
  // メインウィンドウ作成関数の呼び出し
  createWindow()
  // Electronアプリがアクティブになった場合
  app.on('activate', function () {
    // ウィンドウが1つもない場合メインウィンドウ作成関数の呼び出し
    if (BrowserWindow.getAllWindows().length === 0) createWindow()
  })
})

// すべてのElectronアプリのウィンドウが閉じた場合(⑤)
app.on('window-all-closed', function () {
  // プラットフォームがmacOSではない場合、Electronアプリを終了
  if (process.platform !== 'darwin') app.quit()
})
```

上記のコードの中でも特に重要な①〜⑤の解説は次の通りです。

▶ElectronモジュールのappとBrowserWindowを読み込み(①)

「require」はモジュール化されたJavaScriptを読み込みます。モジュールとはJava
Scriptで書かれたjsファイルそのもののことで、他のjsファイルからモジュールを読み込ん
でその機能が使えるようにしたものです。

▶メインウィンドウの作成(②)

メインウィンドウを作成します。ここでは幅800px、高さ600pxですが、どうやらピッタリそ
の通りのサイズにはならないようです。また前もって処理する「preload.js」ファイルも読み
込みますが、まだ何も処理のない「preload.js」ファイルです。

▶ メインウィンドウにWebページの読み込み（③）

メインウィンドウにhtmlファイルを読み込みます。開発中の場合は「http://localhost:3000」のWebページを読み込み、本番のElectronビルドの場合はReactをビルドした「build」→「index.html」ファイルを読み込みます。

▶ Electronアプリが準備できた場合（④）

Electronの準備ができたら「createWindow」関数を呼び出してメインウィンドウを作成します。

▶ すべてのElectronアプリのウィンドウが閉じた場合（⑤）

すべてのElectronアプリのウィンドウが閉じたらアプリを終了します。

▥ 動作確認

この節で書いたコードを動作確認するには42ページの要領でVS Codeのターミナルで次のコマンドを実行します。これでReactの書式で書かれたコードが実行可能な「HTML5+JavaScript+CSS」に変換されます。

ここではWebブラウザアプリではなくElectronのデスクトップアプリです。「$ npm start」の場合は「run」がなくてもよかったのですが、今回は「run」を忘れないでください。

◉Electronを実行

```
$ npm run electron-start
```

コマンドを実行するとElectronデスクトップアプリが開いて、次の図のように「追加」ボタンを押しただけの行が一覧表示されます。

Electronで「index.html」ファイルが読み込まれて「index.js」ファイルから「App.js」ファイルが呼ばれて「App」クラスの「render」メソッドでHTMLが描画されます。

◉Electron版ToDoリスト

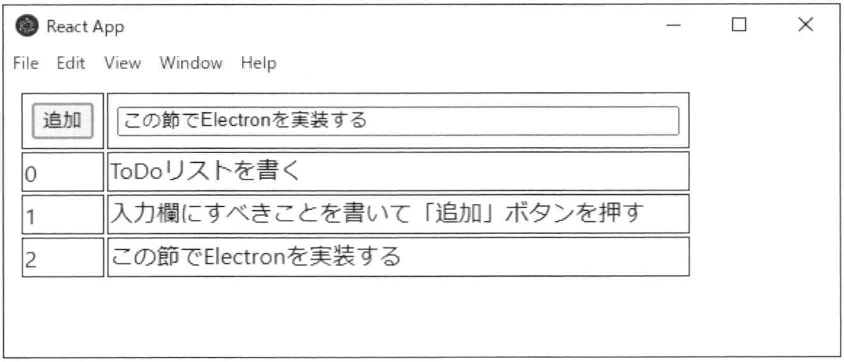

▥ この章のまとめ

この章では見るだけのWebページではなくReactで追加ボタンを押したら表示が変化するWebページを作成し、それをElectronで読み込んでデスクトップアプリに表示しました。

CHAPTER 04

画像検索ワード当て
クイズの開発

　この章では、あるキーワードで画像検索してヒットした
画像を表示するので、そのキーワードが何か当てるクイ
ズを作ります。

SECTION-012

この章で作成する
画像検索ワード当てクイズについて

この節ではこの章で開発する画像検索ワード当てクイズのReactアプリとElectronアプリについて、最終的にどのようなプロジェクトやアプリが完成するか解説します。

▓ 画像検索ワード当てクイズについて

新たなプログラミングを覚えるにはゲームを作るのがプログラミング習得の1番の近道だと思います。そこでこの章ではクイズゲームを開発します。

まず「スタート」ボタンをクリックするか「スタート」メニューを選択してゲーム開始です。すると、あるキーワードで検索した画像が3つ表示されます。そこで何のキーワードで検索したか当てましょう。間違えると1つずつ表示画像が増えていくのでヒントが増えます。

前節ではElectronよりReactの解説が多いですが、この章からはElectron固有の機能も多く解説します。この章からサンプルを見ながらElectronのメイン側とReactのレンダラー側の橋渡しを理解しましょう。

この画像検索にはpixabayの「Web API」を使っているので、必ず次のURLへのリンクを書かなければなりません。pixabayは無料で画像を探せるサイトです。また、規約ではリアルの人間がボタンをクリックして検索しなければならないので、スタートメニューを付けました。詳しくはWebサイトのライセンスなどの説明を見てください。

- ● pixabay

  URL https://pixabay.com

▶ 画像検索ワード当てクイズのサンプルを見る

まずこの章で完成する画像検索ワード当てクイズのアプリを実行して見てみます。「Web API」を使う以外、基本的なReactの機能を使っているだけです。

次ページの図のようなElectron製の画像検索ワード当てクイズを開発します。見ての通り主にHTML5の<header>と<div>タグに複数の画像の<img>タグがあるだけです。

サンプルファイルをC&R研究所のサイトからダウンロードしたら、35ページの要領でVS Codeで「search」→「4-7」フォルダーを開いて、「ターミナル」で次のコマンドを入力してください。ファイルサイズの関係で大きなファイルサイズの「node_modules」フォルダーを一緒に入れていないので、このコマンドでインストールが必要です。

◉不足した「node_modules」フォルダーのファイルのインストール

```
$ npm install
```

次のコマンドで「search」→「4-7」プロジェクトを実行します。起動したら何のキーワードで検索したか入力して「答える」ボタンをクリックしてください。

◉searchプロジェクトのElectron実行

```
$ npm run electron-start
```

なお、次のマンドならWebブラウザで動作します。これはReactをWebブラウザ向けに変換して実行します。

◉searchプロジェクトのReact実行

```
$ npm start
```

▶画像検索ワード当てクイズのプロジェクト階層図

CHAPTER 03では単純なToDoリストを作っただけでした。この章ではさらに進歩して、「Web API」の機能で取得したJSONデータをもとに画像を表示する処理も作ります。「Web API」を使うのでもちろんインターネット接続が必須です。

この章の画像検索ワード当てクイズのメニューでは、メイン側のElectronからレンダラー側のReactを呼び出します。ちなみに次の章ではレンダラー側からメイン側を呼び出す解説もします。

この章で最終的にファイル階層図は次のようになります。説明を書いたファイルだけReactテンプレートに追加・変更があります。

◉本章で作る「search」フォルダーの階層図

```
searchフォルダー
 ├buildフォルダー
 ├distフォルダー
 ├node_modulesフォルダー
 ├publicフォルダー
 │ ├electron.jsファイル(Electronのメイン機能)
 │ ├favicon.icoファイル
 │ ├index.htmlファイル
 │ ├logo192.pngファイル
 │ ├logo512.pngファイル
 │ ├manifest.jsonファイル
 │ ├preload.jsファイル(メインのElectronとReactレンダラーを繋ぐ機能)
 │ └robots.txtファイル
 ├srcフォルダー
 │ ├App.cssファイル(cssファイルでHTML5タグを装飾)
 │ ├App.jsファイル(画像検索ワード当てクイズのWebページを作成)
 │ ├App.test.jsファイル
 │ ├index.cssファイル
 │ ├index.jsファイル
 │ ├reportWebVitals.jsファイル
 │ └setUpTests.jsファイル
 ├.gitignoreファイル
 ├package-lock.jsonファイル
 ├package.jsonファイル(このsearchアプリの構成ファイル)
 └README.mdファイル
```

画像検索ワード当てクイズのプログラムの流れは次の図のようになります。アプリを実行するとまずElectronから起動します。

●画像検索ワード当てクイズのプログラムの流れ

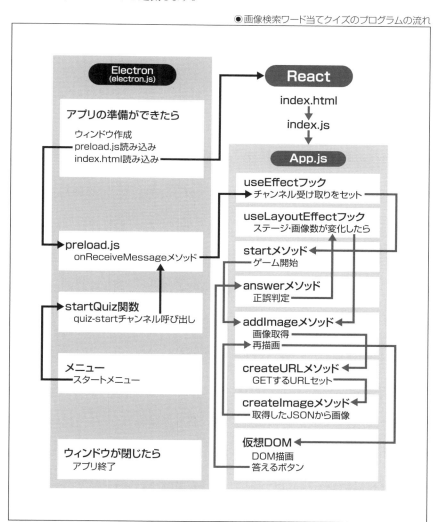

COLUMN Web APIとは

「Web API」とはWeb技術を用いてPOSTやGETしてJSONなどのデータを取得するなどのアプリケーション間やシステム間でやり取りするインターフェースのことです。APIとは「Application Programming Interface」の頭文字をとった略名です。

画像検索ワード当てクイズの
新規作成について

この節ではReactプロジェクトを新規作成します。また、「React Hooks（リアクトフック）」の「useState」を使ってステートの保持や更新を管理します。

▌▌ 画像検索ワード当てクイズのプロジェクト

35ページの要領で次のコマンドを実行し、Electronフォルダーに「search」プロジェクトを新規作成します。Reactのテンプレートのプロジェクトが作られます。

●Reactプロジェクトの新規作成

```
$ npx create-react-app search
```

この際「search」は必ずすべて小文字にしてください。「Search」などのように大文字が入っているとエラーとなり、プロジェクトを新規作成できません。

前章ではクラスコンポーネントを使いましたが、この章ではReactのテンプレートと同じ関数コンポーネントを使います。

▌▌ 「App.js」のコード

「src」→「App.js」ファイルを次のように書き換えます。主にコメントがあるコードだけ追加します。

SAMPLE CODE App.js

```
// Reactのステートを使えるように(①)
import {useState} from "react";
import './App.css';

// App関数コンポーネント(②)
function App() {
  // imagesステートを設定(③)
  const [images,setImages] = useState([]);

  // 仮想DOMを返す
  return <div className="App">
    {/*ヘッダータグ*/}
    <header>
      {/*ハイライト1タグ*/}
      <h1>画像検索ワード当てクイズ</h1>
    {/*ヘッダータグを閉じる*/}
    </header>
    {/*imagesステートの配列をループして画像表示(④)*/}
```

▼

```
<div>{images.map((src,i) =>
  <img src={src} key={i} alt="問題" />)}
{/*ディバイデッドタグを閉じる*/}
</div>
{/*pixabayのリンクとロゴ(⑤)*/}
<p><a href="https://pixabay.com" target="_blank">
  <img src="https://pixabay.com/static/img/logo.svg"
  alt="Pixabay" /></a></p>
{/*ディバイデッドタグを閉じる*/}
</div>
}

export default App;
```

上記のコードの中でも特に重要な①〜⑤の解説は次の通りです。この中では関数コンポーネントだけで使われる「React Hooks」の「useState」が最も重要です。クラスコンポーネントでは「React Hooks」は使えません。

▶Reactのステートを使えるように(①)

「useState」は関数コンポーネントで使われる「React Hooks」の1つです。前章のクラスコンポーネントで言う「state」や「setState」と同じ働きをします。

▶App関数コンポーネント(②)

前章ではクラスでコンポーネントを扱いましたが、この章では②のように関数でコンポーネントを扱います。関数コンポーネントから「仮想DOM」をreturnで返したら「リアルDOM」に変換されたものがWebページになります。

▶imagesステートを設定(③)

「React Hooks」の「useState」は「const [ステートを取得する変数 , ステートをセットする関数] = useState(初期値)」と記述します。初期値は数値でも文字列でも変数でも配列でも辞書型でも構いません。

▶imagesステートの配列をループして画像表示(④)

「state」といっても値の取得の仕方は普通の変数と同じです。ここでは、ステートの「images」配列です。

「images」配列の「map」メソッドを使ってループ処理して、「images」配列の各要素を「src」変数に取得し、そのインデックス番号を「i」変数に取得します。それを<img>タグのsrc属性に「src」変数と、key属性に「i」変数を繰り返し追加します。

▶pixabayのリンクとロゴ(⑤)

pixabayの「Web API」は無料で使えますが、条件としてpixabayにリンクしたバナー表示が義務付けられています。詳しくはpixabayの公式サイトを確認してください。

||| 動作確認

　この節で書いたコードを動作確認するには36ページの要領でVS Codeのターミナルで次のコマンドを実行します。これでReactの書式で書かれたコードが実行可能な「HTML5+JavaScript+CSS」に変換されます。

●ReactをWebページに変換して実行

```
$ npm start
```

　コマンドを実行するとWebブラウザが開いて、次の図のように画像検索ワード当てクイズのタイトルとpixabayのバナーが表示されます。ここでは画像検索ワード当てクイズの最小限のコードを書いただけで、pixabayのバナーだけが表示されます。

　この章ではpixabayの画像を使うので、ライセンスで決められた通り必ずリンク付きバナーが必要です。

　Webブラウザで「index.html」ファイルが実行されて「index.js」ファイルから「App.js」ファイルが呼ばれて「App」関数コンポーネントの「return」でHTMLが描画されます。

●画像検索ワード当てクイズのタイトルとpixabayのバナー

画像検索ワード当てクイズのCSSについて

この節では画像検索ワード当てクイズにCSSを適用する解説をします。

▌▌▌ 画像検索ワード当てクイズプロジェクトのCSS

前節では画像検索ワード当てクイズのWebページがデフォルトの装飾のままだったので、この節ではCSSを適用します。まだ実装していないセレクタにもCSSを指定だけしています。

<header>の背景画像は「src」→「images」フォルダーを作って「header.png」画像ファイルが必要です。ダウンロードしたサンプルの「search」→「4-2」→「src」→「images」フォルダーからコピー&ペーストしてください。

もちろん「src」→「App.css」でなくても「src」→「index.css」にCSSを指定しても同じ動作になります。「App.css」の場合は主に「App.js」にだけCSSが適用されます。

Reactのファイルは極力、テンプレートのままコードを書き替えるだけします。「src」→「logo.svg」ファイルは使わないので削除します。

▌▌▌ 「App.css」のコード

「src」→「App.css」ファイルを次のように書き換えます。主にコメントがあるコードだけ追加します。

SAMPLE CODE App.css

```css
/*ヘッダーセレクタ*/
header {
  /*幅*/
  width: 100%;
  /*高さ*/
  height: 60px;
  /*外側の余白*/
  margin: 0;
  /*内側の余白*/
  padding: 0;
  /*背景(①)*/
  background: url("./images/header.png") repeat-x;
}
/*ハイライト1セレクタ*/
h1 {
  /*左寄せで重ねる(②)*/
  float: left;
  /*フォントの色*/
```

▼

```css
  color: #fff;
  /*外側の余白*/
  margin: 5px 10px;
  /*内側の余白*/
  padding: 0;
}
/*インプットセレクタ*/
input {
  /*外側の余白*/
  margin: 18px 10px 0 20px;
  /*内側の余白*/
  padding: 0;
}
/*ボタンセレクタ*/
button {
  /*外側の余白*/
  margin: 18px 10px 0 0;
  /*内側の余白*/
  padding: 0;
}
/*イメージセレクタ*/
img {
  /*幅*/
  width: 320px;
}
/*ディバイデッドセレクタ*/
div {
  /*テキストを中央寄せ*/
  text-align: center;
  /*最小の高さ(③)*/
  min-height: 600px;
}
/*パラグラフセレクタ*/
p {
  /*テキストを中央寄せ*/
  text-align: center;
}
```

　上記のコードの中で重要な①～③の解説は次の通りです。CSSは見た目の装飾だけなので、読者が自由にデザインしてください。

▶背景(①)

　「background」プロパティで背景画像を指定できます。「url」で画像を「repeat-x」でX方向(横)に画像を繰り返し表示します。

▶ 左寄せで重ねる(②)

<h1>タグや<div>タグなどはデフォルトでは改行されます。そこで「float」プロパティで「left」を指定したら、左寄せで改行せずに<h1>タグや<div>タグなどを右側に配置します。

▶ 最小の高さ(③)

単なる「height」プロパティだと強制的に高さが指定した値になります。「min-height」なら最小の高さだけで、それより大きい高さの場合は後者の高さの値を使います。

▮▮▮ 動作確認

この節で書いたコードを動作確認するには36ページの要領でVS Codeのターミナルで次のコマンドを実行します。これでReactの書式で書かれたコードが実行可能な「HTML5+JavaScript+CSS」に変換されます。

● ReactをWebページに変換して実行

```
$ npm start
```

コマンドを実行するとWebブラウザが開いて、次の図のように表示されます。画像検索ワード当てクイズのタイトルとpixabayのバナーが表示されるだけですが、CSSが適用されて少しだけ装飾が施されました。Webブラウザで「index.html」ファイルが実行されて「index.js」ファイルから「App.js」ファイルが呼ばれて「App」関数コンポーネントの「return」で「App.css」が適用されたHTMLが描画されます。

● 画像検索ワード当てクイズにCSSを適用された

問題の出題ついて

この節では暫定的に適当な問題画像を1枚だけ表示します。

▌▌▌ 画像検索ワード当てクイズのWebページ

64ページで完成版を見てもらった通りスタートをクリックでゲーム開始し、問題を出題する最初は3枚のヒント画像を表示します。ですがこの節では、テストで暫定的に1枚のヒント画像だけ表示します。

画像検索ワード当てクイズの適当なヒント画像は、筆者のWebページの画像にリンクしているだけです。この節だけ暫定的に表示しているだけです。

「images」ステートにヒント画像をセットする「setImages」には、配列の要素にヒント画像のURLを追加していきます。まだこの節ではURLを1つセットするだけです。

この節では「addImage」関数や「createImage」関数を使わなくても「setImages」関数を使うだけで省略することもできます。ただ次の節で解説しやすいようにこうコードを書きました。

▌▌▌ 「App.js」のコード

「src」→「App.js」ファイルを次のように書き換えます。主にコメントがあるコードだけ追加します。

SAMPLE CODE App.js

```
// ReactのuseLayoutEffectのインポート
import {useState,useLayoutEffect} from "react";
import './App.css';

function App() {
  // 画像の最小表示枚数
  const MIN_NUM = 3;
  const [images,setImages] = useState([]);
  // 問題のステージ番号
  const [stage,setStage] = useState(0);
  // 一度に表示する画像の数だが、この節では1枚だけ表示
  const [number,setNumber] = useState(MIN_NUM);
  // タイトル兼スタートボタン
  const [title,setTitle] = useState("スタート");

  // Webブラウザによって描画される前に同期的に処理(①)
  useLayoutEffect(() => {
    // ゲーム開始時でなければ画像を表示
```

▼

```
    if (title !== "スタート") {
      // addImage関数の呼び出し
      addImage(null,stage,number);
    }
  // stageステートかnumberステートの変更があった場合(②)
  },[stage,number]);

  // ゲーム開始ボタンが押されたら呼ばれる
  const start = (e) => {
    // タイトル画面をセット
    setTitle("画像検索ワード当てクイズ");
    // 画像を表示
    addImage(null,stage,number);
  }

  // 画像の追加
  const addImage = (e,stg,num) => {
    createImage();
  }

  // 画像の読み込みと生成
  function createImage(json) {
    // imagesステートにセット(③)
    setImages(["https://webgl.vexil.jp/images/webgl.jpg"]);
  }

  return <div className="App">
    <header>
      {/*タイトル兼スタートボタン(④)*/}
      <h1 onClick={(e) => start(e)}>{title}</h1>
    </header>
    <div>{images.map((src,i) =>
      <img src={src} key={i} alt="問題" />)}
    </div>
    <p><a href="https://pixabay.com" target="_blank">
      <img src="https://pixabay.com/static/img/logo.svg"
      alt="Pixabay" /></a></p>
  </div>
}

export default App;
```

前ページのコードの中でも特に重要な①〜④の解説は次の通りです。この中では関数コンポーネントだけで使われる「React Hooks」の「useLayoutEffect」が最も重要です。クラスコンポーネントでは「React Hooks」は使えません。

▶ Webブラウザによって描画される前に同期的に処理(①)

「useLayoutEffect」フックは内部でスケジュールされた更新を、Webブラウザによって描画される前のタイミングで同期的に処理します。「useEffect」フックで問題があった場合だけ「useLayoutEffect」フックを使ってください。

▶ stageステートかnumberステートの変更があった場合(②)

「useLayoutEffect」フックは「stage」ステートか「number」ステートの変更があった場合だけ実行します。ただし、「useLayoutEffect」フックは最初の初期状態のときも実行します。

▶ imagesステートにセット(③)

「useState」フックで「images」ステートを「setImages」関数で["https://webgl.vexil.jp/images/webgl.jpg"]配列をセットします。

▶ タイトル兼スタートボタン(④)

<h1>タグをゲームを実行したときにスタートボタンにして、これをクリックしたらゲーム開始です。ゲーム開始したら<h1>はタイトル名の「画像検索ワード当てクイズ」の文字列に変えます。

||| 動作確認

この節で書いたコードを動作確認するには36ページの要領でVS Codeのターミナルで次のコマンドを実行します。これでReactの書式で書かれたコードが実行可能な「HTML5+JavaScript+CSS」に変換されます。

◉ ReactをWebページに変換して実行

```
$ npm start
```

コマンドを実行するとWebブラウザが開いて、次の図のように表示されます。画像検索ワード当てクイズのタイトルの「スタート」をクリックするとゲームが開始し、pixabayのバナーと問題画像が表示されます。ここでは画像検索ワード当てクイズで暫定的な画像を表示するコードを書いただけで、まだ回答などはできません。Webブラウザで「index.html」ファイルが実行されて「index.js」ファイルから「App.js」ファイルが呼ばれて「App」関数コンポーネントの「return」でHTMLが描画されます。

● 1枚だけヒント画像を表示

Web APIについて

この節では「Web API」を使ってHTTPをリクエストして検索した画像のURLをJSONで取得します。

Web APIとは

「Web API」とはWebとデータをやり取りする仕組みのことです。この節ではpixabayの「Web API」にリクエストして画像URLをJSON形式で取得します。

「Web API」は「Twitter API」「Google Maps API」「Facebook APIスイート」「YouTube API」「Pinterest API」などが有名です。「Web API」を使えば自分で複雑なコードを書かなくてもリクエストするだけでWeb上のシステムが使えます。

pixabayの「Web API」は画像のURLの書かれたJSONを取得します。画像データを丸ごと取得するわけではありません。

「Web API」で取得した画像を使うにはpixabayのリンクバナーが必須です（64ページ参照）。この節でpixabayの画像を使っているのでpixabayのリンクを書いておきます。

「App.js」のコード

「src」→「App.js」ファイルを次のように書き換えます。主にコメントがあるコードだけ追加します。

SAMPLE CODE App.js

```
import {useState,useLayoutEffect} from "react";
import './App.css';

function App() {
  const MIN_NUM = 3;
  const [images,setImages] = useState([]);
  const [stage,setStage] = useState(0);
  const [number,setNumber] = useState(MIN_NUM);
  const [title,setTitle] = useState("スタート");
  // ステージごとの問題のキーワード(①)
  const keyword = ["犬","ピアノ","猫","ギター","車"];

  useLayoutEffect(() => {
    if (title !== "スタート") {
      addImage(null,stage,number);
    }
  },[stage,number]);
```

▼

```
const start = (e) => {
  setTitle("画像検索ワード当てクイズ");
  addImage(null,stage,number);
}


const addImage = (e,stg,num) => {
  // リモートリソースを非同期で取り込み(②)
  fetch( createURL(keyword[stg],num) )
  // 受け取ったデータを次のthenに渡す
  .then( function( data ) {
    // 取得したデータをJSONデータとして返す
    return data.json();
  })
  // JSONデータを受け取る
  .then( function( json ) {
    // JSONをもとに画像URLをセット
    createImage( json );
  })
}


// リクエスト用のURLの作成(③)
function createURL(value, num) {
  // Web APIのキー
  const API_KEY = '27915605-5d59876fb880c9140b1474802';
  // ベースになるURL
  const baseUrl = 'https://pixabay.com/api/?key=' + API_KEY;
  // 検索するキーワードの文字列
  const keyword = '&q=' + encodeURIComponent( value );
  // 画像を水平にし画像の数を指定
  const option = '&orientation=horizontal&per_page='+num;
  // baseUrlとkeywordとoptionを繋げた文字列をURL定数に代入
  const URL = baseUrl + keyword + option;
  // URLを返す
  return URL;
}


// 画像URLのJSONデータを解析
function createImage(json) {
  // array配列を空で宣言
  let array = [];
  // JSONの合計ヒット数が1つ以上ある場合
  if( json.totalHits > 0 ) {
    // JSONのヒット配列をループ(④)
```

```
      json.hits.forEach( function(value) {
        // array配列にvalue.webformatURLの値を追加
        array.push(value.webformatURL);
      })
      // array配列をimagesステートにセット
      setImages(array);
    }
  }

  return <div className="App">
    <header>
      <h1 onClick={(e) => start(e)}>{title}</h1>
    </header>
    <div>{images.map((src,i) =>
      <img src={src} key={i} alt="問題" />)}
    </div>
    <p><a href="https://pixabay.com" target="_blank">
      <img src="https://pixabay.com/static/img/logo.svg"
      alt="Pixabay" /></a></p>
  </div>
}

export default App;
```

　上記のコードの中でも特に重要な①～④の解説は次の通りです。この中では「Web APIにリクエストするURL」と「Web APIからJSONの取得」が最も重要です。

▶ステージごとの問題のキーワード（①）

　配列の0～4の要素がステージ0～4の問題の画像検索ワードになります。

▶リモートリソースを非同期で取り込み（②）

　「fetch」関数でWeb上にURLをリクエストして、データ（ここではJSON）を非同期で取り込みます。次の「then」メソッドでデータ（data）を受け取りそのJSONデータ（data.json）をさらに次の「then」メソッドで受け取ってJSONデータでヒント画像のURLを取得します。

▶リクエスト用のURLの作成（③）

　③は②の「fetch」関数から呼び出されます。②の「fetch」には③の戻り値のURLが使われます。

　ベースになるURL「baseUrl」定数に「Web API」のキーをセットします。これはpixabayで読者自身の「Web API」キーを取得してください。検索するキーワードを「keyword」定数にセットします。画像を水平にし画像の数を指定した「option」定数をセットします。それら3つの定数を繋げた文字列を「URL」定数にセットして戻り値にします。

▶JSONのヒット配列をループ（④）

　JSONにヒットした配列を「forEach」メソッドでループして各要素を「value」に取り出します。その「value.webformatURL」の画像URLを「array」配列の後ろに追加します。ループが終わったら「images」ステートに「setImages」関数で「array」配列をセットしたらWebページの画面を更新します。

▌▌▌動作確認

　この節で書いたコードを動作確認するには36ページの要領でVS Codeのターミナルで次のコマンドを実行します。これでReactの書式で書かれたコードが実行可能な「HTML5+JavaScript+CSS」に変換されます。

●ReactをWebページに変換して実行

```
$ npm start
```

　コマンドを実行するとWebブラウザが開いて、次の図のようにタイトル文字の「スタート」をクリックでゲーム開始し、「犬」で検索したヒント画像とpixabayのバナーだけが表示されます。まだクイズはできません。

　Webブラウザで「index.html」ファイルが実行されて「index.js」ファイルから「App.js」ファイルが呼ばれて「App」関数コンポーネントの「return」でHTMLが描画されます。

●Web APIを犬のキーワードで検索した3枚の画像

COLUMN	同期と非同期とは

　「同期」が並行して処理が行われるのに対し、「非同期」は1つの処理が終わってから次の処理がなされるので同時に処理を実行しません。

COLUMN	JSONとは

　JSONとは「JavaScript Object Notation」の頭文字をとった略語で「ジェイソン」と読みます。JavaScriptだけで使われるデータ形式ではなく、「PHP」「Python」「C++」「Java」などさまざまなプログラミング言語でもサポートされています。
　JSONはJavaScriptの文法に従ったデータ形式で、辞書型(連想配列)、配列、数値、文字列、真偽値、nullをデータに持てます。

Webページ版の画像検索ワード当てクイズの完成

この節では画像検索ワード当てクイズのWebページ版が完成します。

||| 画像検索ワード当てクイズのWebページ

Webページを開いたらまず「スタート」文字をクリックしてゲームを開始してください。pixabayの規約で、「Web API」をシステムで自動的に画像を読み込んだらトラフィックが重くなるので禁止されているからです。

「src」→「sounds」フォルダーに「Right.mp3」と「Mistake.mp3」のサウンドファイルが必要です。「Right.mp3」が正解音で、「Mistake.mp3」が間違い音です。

56ページでは<input>タグの「ref」属性で入力した文字列を取得しましたが、この節では<input>タグの「onChange」属性のイベントで入力した文字列を取得します。どちらでもいいですが、2つの節で両方解説しました。

問題のヒント画像はpixabayの「Web API」を使っています。画像の利用規約にあるのでpixabayのリンクを書いておきます（64ページ参照）。

||| 「App.js」のコード

「src」→「App.js」ファイルを次のように書き換えます。主にコメントがあるコードだけ追加します。

SAMPLE CODE App.js

```
import {useState,useLayoutEffect} from "react";
import './App.css';
// 正解音のサウンドファイルのインポート(①)
import rightSnd from "./sounds/Right.mp3";
// 間違い音のサウンドファイルのインポート
import mistakeSnd from "./sounds/Mistake.mp3";

function App() {
  const MIN_NUM = 3;
  const [images,setImages] = useState([]);
  const [stage,setStage] = useState(0);
  const [number,setNumber] = useState(MIN_NUM);
  // 入力した文字列
  const [word,setWord] = useState("");
  const [title,setTitle] = useState("スタート");
  const keyword = ["犬","ピアノ","猫","ギター","車"];
  // 正解音を生成(②)
  const right = new Audio(rightSnd);
```

▼

```
// 間違い音
const mistake = new Audio(mistakeSnd);


useLayoutEffect(() => {
  if (title !== "スタート") {
    addImage(null,stage,number);
  }
},[stage,number]);


const start = (e) => {
  setTitle("画像検索ワード当てクイズ");
  addImage(null,stage,number);
}


// 答えるボタンをクリックしたら呼ばれる関数(③)
const answer = (e) => {
  // 答えが正しいか調べる
  if (keyword[stage] === word) {
    // 正解音を鳴らす(④)
    right.play();
    // 問題のステージを次へ
    setStage((stage + 1) % keyword.length);
    // 初期ヒント画像を3つに
    setNumber(MIN_NUM);
  // 答えが正しくない場合
  } else {
    // 間違い音を鳴らす
    mistake.play();
    // ヒント画像を1つ増やす
    setNumber(number+1);
  }
}
```

（中略）

```
  return <div className="App">
    <header>
      <h1 onClick={(e) => start(e)}>{title}</h1>
      {/*入力欄に変更があった場合wordステートをセット(⑤)*/}
      <input type="text"
        onChange={(e) => setWord(e.target.value)}></input>
      {/*答えるボタンをクリックした場合answer関数を呼び出す(⑥)*/}
      <button onClick={(e) => answer(e)}>答える</button>
```

```
    </header>
    <div>{images.map((src,i) =>
      <img src={src} key={i} alt="問題" />)}
    </div>
    <p><a href="https://pixabay.com" target="_blank">
      <img src="https://pixabay.com/static/img/logo.svg"
      alt="Pixabay" /></a></p>
  </div>
}

export default App;
```

　上記のコードの中でも重要な①～⑥の解説は次の通りです。この中では「<butoon>クリックでanswer関数を呼び出す」と「<input>の文字列を取得してanswer関数で正解不正解の判定」が最も重要です。

▶正解音のサウンドファイルのインポート（①）

　正解音の「src」→「sounds」→「Right.mp3」ファイルをインポートします。「Mistake.mp3」も同様です。

▶正解音を生成（②）

　正解音「rightSnd」を「Audio」クラスのインスタンスを生成して「right」変数に代入します。「mistakeSnd」も同様です。

▶答えるボタンをクリックしたら呼ばれる関数（③）

　⑥がクリックされたら「answer」関数が呼ばれます。そのとき、答えと⑤の文字列が等しければ正解音を鳴らし問題ステージを次に進め、等しくなければ間違い音を鳴らしヒント画像を1つずつ増やします。

▶正解音を鳴らす（④）

　「right」変数の「play」メソッドで正解音を再生します。「mistake」変数も同様です。

▶入力欄に変更があった場合wordステートをセット（⑤）

　<input>タグにテキスト（text）で文字列が書かれたり消さりたりするたびに（onChange）、「word」ステートに「setWord」でその文字列をセットします。

▶答えるボタンをクリックした場合answer関数を呼び出す（⑥）

　「答える」ボタンがクリックされたら（onClick）、「answer」関数を呼び出します。

▌動作確認

　この節で書いたコードを動作確認するには36ページの要領でVS Codeのターミナルで次のコマンドを実行します。これでReactの書式で書かれたコードが実行可能な「HTML5+JavaScript+CSS」に変換されます。

●ReactをWebページに変換して実行

```
$ npm start
```

　コマンドを実行するとWebブラウザが開いて、次の図のようにタイトル文字の「スタート」をクリックでゲーム開始し、キーワードで検索した複数のヒント画像とpixabayのバナーだけが表示されます。やっと画像検索ワードを当てるクイズができます。

　Webブラウザで「index.html」ファイルが実行されて「index.js」ファイルから「App.js」ファイルが呼ばれて「App」関数コンポーネントの「return」でHTMLが描画されます。

●完成した画像検索ワード当てクイズのWebページ版

Electronで画像検索ワード当てクイズの
デスクトップアプリ

この節ではElectronで画像検索ワード当てクイズのデスクトップアプリを作ります。

▐▐▐ Electronプロジェクト

「search」プロジェクトに39〜40ページで作成した「electron.js」ファイルと「preload.js」ファイルを「public」フォルダーにコピー&ペーストします。

また、40ページの要領で「package.json」を書き換えます。これでElectronデスクトップアプリが作れるようになります。

次の節でElectron固有の機能も追加します。Electron固有の機能はWebページでは実装が無理だったファイルダイアログやデータベースなどを扱います。

「Web API」で取得した画像を使うにはpixabayのリンクバナーが必須です（64ページ参照）。この節でpixabayの画像を使っているのでリンクを書いておきます。

▐▐▐ 「electron.js」のコード

「electron.js」ファイルはElectronのメインウィンドウに、前節までで作ったReactのWebページを読み込んで表示します。Reactプロジェクトそのままではなく、それを「HTML5+JavaScript+CSS」に書き出したWebページを「BrowserWindow」の「loadURL」メソッドで読み込みます。「electron.js」のコードだけでElectronを使ってWebページをデスクトップアプリ化します。

SAMPLE CODE electron.js

```
// ElectronモジュールのappとBrowserWindowを読み込み
const {app, BrowserWindow} = require('electron')
// パス機能の読み込み
const path = require('path')
// 開発用かどうか取得
const isDev = require("electron-is-dev");

// メインウィンドウ作成関数
function createWindow() {
  // メインウィンドウの作成
  const mainWindow = new BrowserWindow({
    // メインウィンドウの幅(①)
    width: 1000,
    // メインウィンドウの高さ(②)
    height: 850,
    // Webページの機能の設定
    webPreferences: {
```

▼

```javascript
    // 他のJavaScriptのスクリプトが実行される前に、事前に読み込み
    preload: path.join(__dirname, 'preload.js')
  }
})
// メインウィンドウにWebページの読み込み
mainWindow.loadURL(
  // 開発中の場合のhtmlファイルの読み込み
  isDev ? "http://localhost:3000"
  // 本番ビルドの場合のhtmlファイルの読み込み
  : `file://${path.join(__dirname, "../build/index.html")}`
);
}

// Electronアプリが準備できた場合
app.whenReady().then(() => {
  // メインウィンドウ作成関数の呼び出し
  createWindow()
  // Electronアプリがアクティブになった場合
  app.on('activate', function () {
    // ウィンドウが1つもない場合メインウィンドウ作成関数の呼び出し
    if (BrowserWindow.getAllWindows().length === 0) createWindow()
  })
})

// すべてのElectronアプリのウィンドウが閉じた場合
app.on('window-all-closed', function () {
  // プラットフォームがmacOSではない場合、Electronアプリを終了
  if (process.platform !== 'darwin') app.quit()
})
```

上記のコードの中で60ページから変更があった①～②の解説は次の通りです。

▶メインウィンドウの幅（①）

Electron製デスクトップアプリのウィンドウの幅を1000にします。ただし、まったく値通りのウィンドウ幅にはならないようです。

▶メインウィンドウの高さ（②）

Electron製デスクトップアプリのウィンドウの高さを850にします。ただし、まったく値通りのウィンドウの高さにはならないようです。

▍動作確認

　この節で書いたコードを動作確認するには42ページの要領でVS Codeのターミナルで次のコマンドを実行します。これでReactの書式で書かれたコードが実行可能な「HTML5+JavaScript+CSS」に変換され、Electronが実行されます。

　ここではWebブラウザアプリではなくElectronのデスクトップアプリです。前節で完成したReactアプリを、この節でElectronアプリを作ってデスクトップアプリに書き出します。「$ npm start」の場合は「run」がなくてもよかったのですが、Electronを起動する場合は「run」を書くのも忘れないでください。

◉Electronを実行

```
$ npm run electron-start
```

　コマンドを実行するとデスクトップアプリが開いて、次の図のようにデスクトップ版の画像検索ワード当てクイズが起動します。

　Electronで「index.html」ファイルが読み込まれて「index.js」ファイルから「App.js」ファイルが呼ばれて「App」関数コンポーネントの「return」でHTMLが描画されます。

◉Electron版画像検索ワード当てクイズ

Electronのメニューでクイズスタート

この節ではスタートメニューを作って、それを実行してクイズを開始します。

||| Electronのチャンネル

「Menu」はElectronのメイン側の機能です。スタートメニューでレンダラー側のクイズ開始の「start」メソッドを実行します。

Electronのメイン側からWebページのレンダラー側を呼び出すには、「チャンネル」を呼び出します。「チャンネル」とは文字列のメッセージを送受信するものです。

前章ではElectronでメインウィンドウを表示して、その「BrowserWindow」にWebページを読み込んで表示するだけでした。この節ではElectron固有の機能「Menu」も表示し、メイン側のスタートメニューからレンダラー側のゲーム開始を呼び出します。

「Menu」については詳しくは次の章で解説します。ここではスタートメニューを作るとだけ理解してください。

||| 「App.js」のコード

「src」→「App.js」ファイルを次のように書き換えます。主にコメントがあるコードだけ追加します。

SAMPLE CODE App.js

```
// useEffectフックの読み込み（①）
import {useState,useEffect,useLayoutEffect} from "react";
import './App.css';
import rightSnd from "./sounds/Right.mp3";
import mistakeSnd from "./sounds/Mistake.mp3";

function App() {
  const MIN_NUM = 3;
  const [images,setImages] = useState([]);
  const [stage,setStage] = useState(0);
  const [number,setNumber] = useState(MIN_NUM);
  const [word,setWord] = useState("");
  const [title,setTitle] = useState("スタート");
  const keyword = ["犬","ピアノ","猫","ギター","車"];
  const right = new Audio(rightSnd);
  const mistake = new Audio(mistakeSnd);

// Webページ開始時にだけ呼ばれる（②）
  useEffect(() => {
    // スタートメニューがクリックされたらチャンネルを受け取る
```

```
window.electronAPI.onReceiveMessage((e, data) => {
  // クイズ開始
  start();
})
// どのステートの変更も考慮しない
}, []);
```
（後略）

　上記のコードの中でも特に重要な①〜②の解説は次の通りです。この中では「クイズ開始のチャンネルを受け取る」のが最も重要です。

▶useEffectフックの読み込み（①）

　副作用フックの「useEffect」機能を「react」モジュールから読み込みます。副作用フックはReact Hooksの1つで、Webページ開始時や画面の更新があったときなどに呼ばれます。

▶Webページ開始時にだけ呼ばれる（②）

　Webページの開始時に1回だけ呼ばれる副作用フックです。「preload.js」でセットする「window.electronAPI.onReceiveMessage」メソッドでクイズスタートを受信します。

　「}, [];」で画面のどのDOMが更新されてもこの副作用フックが呼ばれないようにします。つまりWebページ開始時に1回しか呼ばれません。

||| 「electron.js」のコード

　「public」→「electron.js」ファイルを次のように書き換えます。主にコメントがあるコードだけ追加します。

`SAMPLE CODE` electron.js

```
// Menuを読み込み（①）
const {app, BrowserWindow,Menu} = require('electron')
const path = require('path')
const isDev = require("electron-is-dev");

// メインウィンドウの変数
let mainWindow;

function createWindow() {
// メインウィンドウの作成
  mainWindow = new BrowserWindow({
    width: 1000,
    height: 850,
    webPreferences: {
      preload: path.join(__dirname, 'preload.js')
    }
  })
```

```
  mainWindow.loadURL(
    isDev ? "http://localhost:3000"
    : `file://${path.join(__dirname, "../build/index.html")}`
  );
}
```

（中略）

```
// プラットフォームがmacOSか調べる
const isMac = (process.platform === 'darwin');

// メニューのテンプレートの宣言
const template = Menu.buildFromTemplate([
  // macOSの場合
  ...(isMac ? [{
    // アプリ名のメニュー
    label: app.name,
    // サブメニュー
    submenu: [
      // 終了メニュー
      {role:'quit',label:`${app.name}を終了`}
    ]
  // macOS以外の場合
  }] : []),{
    // ファイルメニュー
    label: 'ファイル',
    // サブメニュー
    submenu: [
      // スタートメニューからstartQuiz関数の呼び出し(②)
      {label:'スタート',click: () => startQuiz() },
      // セパレータ
      {type:'separator'},
      // 終了メニュー
      {role:'quit', label:'終了'}
    ]
  }
]);

// メニューのセット
Menu.setApplicationMenu(template);

// クイズの開始を呼び出し関数(③)
function startQuiz() {
```

```
// メインウィンドウが存在するか調べる
if(mainWindow !== null) {
  // レンダラー側に「quiz-start」チャンネルを送信
  mainWindow.webContents.send('quiz-start', "");
}
}
```

　上記のコードの中でも前節から変更があった①～③の解説は次の通りです。この中では「スタートメニューからクイズ開始のチャンネル呼び出し」が最も重要です。

▶Menuを読み込み（①）

　Electronモジュールの「Menu」機能を読み込みます。「Menu」はもちろんメニューのことでデスクトップアプリの上部に表示されます。macOSの場合は画面最上部に表示されます。

▶スタートメニューからstartQuiz関数の呼び出し（②）

　「ファイル」メニュー→「スタート」サブメニューを「スタート」というラベルでセットします。スタートメニューがクリックされたら「startQuiz」関数を呼び出します。

▶クイズの開始を呼び出し関数（③）

　②でスタートメニューがクリックされたら呼ばれる関数です。メインウィンドウが存在したらレンダラー側の「preload.js」ファイルの「onReceiveMessage」メソッドに「quiz-start」チャンネルを送信します。

▌▌▌「preload.js」のコード

　「public」→「preload.js」ファイルを次のように書き換えます。主にコメントがあるコードだけ追加します。

SAMPLE CODE preload.js

```
// コンテキストブリッジとレンダラーを読み込み（①）
const { contextBridge, ipcRenderer } = require('electron')

// windowのelectronAPIにonReceiveMessageをセット（②）
contextBridge.exposeInMainWorld('electronAPI', {
  // メッセージ受け取りメソッド
  onReceiveMessage: (listener) => {
    // レンダラー側で「quiz-start」チャンネルを受け取る
    ipcRenderer.on(
      'quiz-start',(e, message) => listener(e,message));
  },
})
```

　上記のコードの中でも前節から変更があった①～②の解説は次の通りです。この中では「windowのelectronAPIにonReceiveMessageをセットする」のが最も重要です。

▶コンテキストブリッジとレンダラーを読み込み（①）

Electronモジュールから「contextBridge」と「ipcRenderer」を読み込みます。メイン側とレンダラー側を橋渡しするのに使います。

▶windowのelectronAPIにonReceiveMessageをセット（②）

コンテキストブリッジで「window」変数を使って「electronAPI」プロパティを橋渡しします。「electronAPI」プロパティの「onReceiveMessage」メソッドで「electron.js」ファイルから送信された「quiz-start」チャンネルを受け取ります。「App.js」ファイルで「window.electronAPI.onReceiveMessage」メソッドを書いて「quiz-start」チャンネルを受け取ります。

||| 動作確認

この節で書いたコードを動作確認するには42ページの要領でVS Codeのターミナルで次のコマンドを実行します。これでReactの書式で書かれたコードが実行可能な「HTML5+JavaScript+CSS」に変換されます。

ここではWebブラウザアプリではなくElectronのデスクトップアプリです。すでに完成しているReactアプリを、この節でElectronアプリを作ってデスクトップアプリに書き出します。

●Electronを実行

```
$ npm run electron-start
```

コマンドを実行するとデスクトップアプリが開いて、次の図のようにデスクトップ版の画像検索ワード当てクイズでメニューが「ファイル」メニューだけになります。「ファイル」→「スタート」メニューでクイズを開始できます。

Electronで「index.html」ファイルが読み込まれて「index.js」ファイルから「App.js」ファイルが呼ばれて「App」関数コンポーネントの「return」でHTMLが描画されます。

●Electron版画像検索ワード当てクイズのスタートメニュー

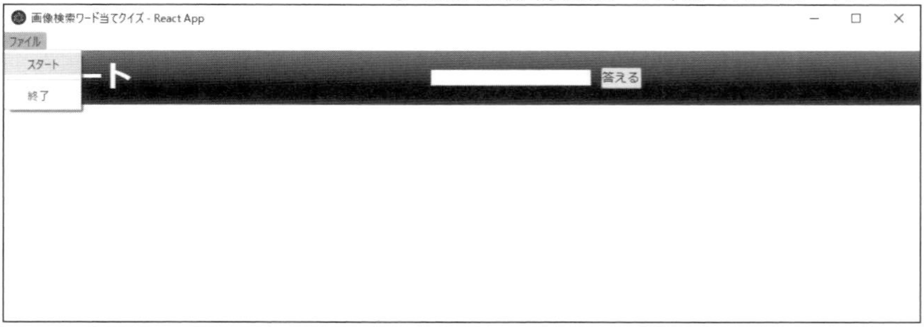

||| この章のまとめ

この章ではあるキーワードで検索した画像を一覧表示するので、逆にその検索キーワードが何か当てるクイズをReactで作りました。それをElectronでデスクトップアプリにしました。

ハガキ印刷用の
PDFファイル作成
アプリの開発

この章では宛て先の郵便番号を入力したら住所を検索して、ハガキの表の宛て先と差出人を表示して、PDFファイルに書き出します。

この章で作成するハガキ印刷用の
PDFファイル作成アプリについて

この節ではこの章で開発するハガキ印刷用のPDFファイルを作成するReactアプリとElectronアプリについて、最終的にどのようなプロジェクトやアプリが完成するか解説します。

▌▌▌郵便番号検索とPDFファイルについて

本章で作成するアプリでは、郵便番号から住所を検索しますが、もととなる郵便番号データと住所のデータは日本郵便株式会社のホームページからダウンロードできるファイル「KEN_ALL.CSV」を利用します。「KEN_ALL.CSV」ファイルは無料で配布されています（102ページのコラム参照）。

アプリ起動時に7桁の郵便番号を「-（ハイフン）」なしで入力して「OK」をクリックすると、その郵便番号で「KEN_ALL.CSV」ファイルから住所を検索します。存在しない郵便番号の場合は「検索中・・・」のままです。

PDFファイルは電子文書のフォーマットです。Electronの場合、メインウィンドウのWebページのコンテンツ「webContents」プロパティの「printToPDF」メソッドでPDFファイルに保存できます。

今回はPDF機能のサンプルとしてPDFに書き出しましたが、直接プリンターに印刷するようにコードを改造してもよいでしょう。

▶ハガキ印刷用のPDFファイル作成アプリのサンプルを見る

まずこの章で完成するハガキ印刷用のPDFファイル作成アプリを実行して見てみます。アプリ起動時に郵便番号を入力するダイアログが強制的に表示されますが、郵便番号入力メニューから入力ダイアログが表示するようにしてもいいでしょう。

次の図のようなElectron製のハガキ印刷用のPDFファイル作成アプリを開発します。WebページをそのままPDFに書き出せて、通常ハガキにピッタリ印刷できるはずです。印刷の際はフチのあり・なしで印刷位置が異なるかもしれません。

● ハガキの宛て先と差出人の画面

```
Postcard                              ─  □  ×
ファイル   表示



        9 5 0 3 1 2 2

                        新
                        潟
                        県
                        新
香                       潟
川         ○             市
県         ○             北
○         研             区
○         究             西
郡         所             名
○         様             目
○                       所
町
○
○
大
西
○
○


  7 6 6 0 0 2 3
```

　サンプルファイルをC&R研究所のサイトからダウンロードしたら、35ページの要領で「VS Code」で「postcard」→「5-8」フォルダーを開いて、「ターミナル」で次のコマンドを入力してください。ファイルサイズの関係で大きなファイルサイズの「node_modules」フォルダーを一緒に入れていないので、このコマンドでインストールが必要です。

● 不足した「node_modules」フォルダーのファイルのインストール

```
$ npm install
```

　次のコマンドで「postcard」→「5-8」プロジェクトを実行し、アプリを起動します。

● プロジェクトの実行

```
$ npm run electron-start
```

　入力ダイアログに郵便番号を入力すると、その郵便番号で検索して宛て先の住所が表示されます。その後に「ファイル」→「PDF書き出し」メニューでそのハガキの印刷用PDFファイルを書き出します。

▶ ハガキ印刷用のPDFファイル作成アプリのプロジェクト階層図

この章では基本的にハガキの印刷用画面を作るだけしかWebページを作りません。まず34ページの要領でReactでハガキの画面を作成するところから始めます。

CHAPTER 03まではWebページをそのままElectronで実行して表示しただけでした。この章ではさらに進歩して、Electron固有の「入力ダイアログ」「メニューのセット」「名前を付けて保存ダイアログ」を実装します。

そのため「public」フォルダーの「electron.js」ファイルや「preload.js」ファイルにElectron固有の機能を追加します。ただし、この章の116ページ以降でElectronアプリを作るときまで38ページのようにElectronプロジェクトを作成するのは待ってください。

この章で最終的にファイル階層図は次のようになります。説明を書いたファイルだけReactテンプレートに追加・変更があります。

●本章で作る「postcard」フォルダーの階層図

```
postcardフォルダー
├buildフォルダー
├distフォルダー
├node_modulesフォルダー
├publicフォルダー
│ ├electron.jsファイル(Electronのメイン機能)
│ ├favicon.icoファイル
│ ├index.htmlファイル
│ ├logo192.pngファイル
│ ├logo512.pngファイル
│ ├manifest.jsonファイル
│ ├preload.jsファイル(メインのElectronとReactレンダラーを繋ぐ機能)
│ └robots.txtファイル
├srcフォルダー
│ ├App.cssファイル(cssファイルでHTML5タグを装飾)
│ ├App.jsファイル(ハガキのWebページを作成)
│ ├App.test.jsファイル
│ ├index.cssファイル
│ ├index.jsファイル
│ ├reportWebVitals.jsファイル
│ └setUpTests.jsファイル
├.gitignoreファイル
├package-lock.jsonファイル
├package.jsonファイル(このpostcardアプリの構成ファイル)
└README.mdファイル
```

　ハガキ印刷用のPDFファイル作成アプリのプログラムの流れは次の図のようになります。アプリを実行するとまずElectronから起動します。

◉ハガキ印刷用のPDFファイル作成アプリのプログラムの流れ

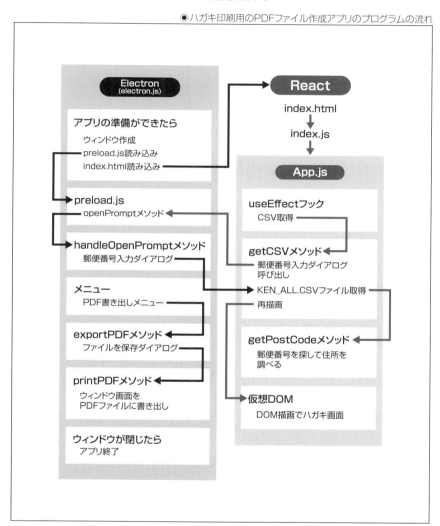

COLUMN	その他のElectron固有の機能

　本書では解説しないElectron固有の機能には、次のようなものもあります。ただし、これですべてではありません。Electron固有の機能は、Reactでは動作してもElectronデスクトップアプリにしたら使えない機能などです。たとえば、この章ではWebページのレンダラー側では「prompt」関数は使えないので、Electronのメイン側で入力ダイアログの用意が必要です。

▶ダークモード

　macOSではウィンドウ全体を今まで通り明るく白っぽく表示するのとは別に、暗い感じに表示するダークモードも用意されています。「nativeTheme API」を使ってシステム全体をダークモードに設定できます。

▶デバイスアクセス

　「Web Bluetooth API」を使えば、Bluetoothデバイスと通信できます。「WebHID API」を使えば、キーボードやゲームパッドなどのHIDデバイスにアクセスできます。「Web シリアル API」を使えば、シリアルポートやUSB、Bluetoothで接続されたシリアルデバイスにアクセスできます。

▶キーボードショートカット

　「ローカルキーボードショートカット」は、アプリケーションにフォーカスしているときだけ引き金になります。

　「グローバルショートカット」は、アプリケーションにキーボードフォーカスがない場合にキーボードイベントを検出します。

　「BrowserWindow内のショートカット」は、BrowserWindow内でキーボードショートカットを扱います。

▶デスクトップランチャーアクション

　多くのLinux OSでは「.desktop」ファイルを変更することでシステムランチャーにカスタムしたアクションを追加できます。

▶Dock

　macOSのDock内のアプリアイコンを設定するAPIがあります。

▶通知

　Windows・macOS・LinuxのデスクトップOSで、アプリケーションがユーザーに通知を送信する手段を提供します。通知を表示する方法はメインプロセスとレンダラープロセスで異なります。

▶最近使用したドキュメント

Windowsはジャンプリストで、macOSはDockメニューを介して、アプリケーションによって開かれた最近の書類のリストへアクセスできます。

▶オフスクリーンレンダリング

オフスクリーンレンダリングを使って、BrowserWindowのコンテンツをビットマップで取得できます。

▶オンラインとオフラインイベントの検出

オンラインイベントとオフラインイベントをレンダラープロセスで検出できます。

▶プログレスバー

WindowsとmacOSとLinuxでプログレスバーを、ユーザーがウィンドウの切り替え操作をすることなくユーザーに進捗情報を表示できます。

▶Web埋め込み

BrowserWindowにWebページのコンテンツを埋め込みたい場合は、<iframe>タグ、<webview>タグ、BrowserViewの3つが選択できます。

▶タスクバーのカスタマイズ

Windowsのタスクバーにあるアプリアイコンを設定するためのAPIがあります。

▶ウインドウのカスタマイズ

BrowserWindowモジュールは、ブラウザウインドウの外観や動作を変更するためのAPIが多数公開されています。

▶テキストエディター自体を作る

「Ace」というテキスト入力ライブラリがあります。厳密には「Ace」はレンダラー側のライブラリで、Webページに組み込みます。ファイルの保存読み込みなどをメニューで扱うのにメイン側のElectronを使います。

「Ace」はテキストのシンタックスハイライト、シンタックスチェック、自動補完、タブインデント、アンドゥやリドゥの履歴保持機能、文字列の検索などができます。Reactで「Ace」扱う場合は「react-ace」モジュールを使うと便利でしょう。

05

ハガキ印刷用のPDFファイル作成アプリの開発

01
02
03
04
06
07

ハガキ印刷用のPDFファイル作成アプリの開発

COLUMN 郵便番号データについて

郵便番号データは次のURLの日本郵便株式会社のホームページから無料でダウンロードできます。

● 郵便番号データ

URL https://www.post.japanpost.jp/zipcode/download.html

「使用・再配布・移植・改良について」によると「郵便番号データに限っては日本郵便株式会社は著作権を主張しません。自由に配布していただいて結構です。」ということなので「KEN_ALL.CSV」をサンプルファイルに同梱しています。

COLUMN PDFファイルについて

PDFとは、「Portable Document Format」の頭文字をとった略語です。Post ScriptをベースにAdobe社が開発して、1993年にAdobe Acrobatではじめて採用されました。

大抵PDFファイルを見るのは無料で、以前は有料の専用ツールでPDFファイルに書き出していましたが、最近ではさまざまなツールからPDFファイルに無料で書き出せるものも増えてきました。

アンチエイリアスのかかったフォントや画像などのリソースが、ほぼどのプラットフォームでも同一のレイアウトで表示され、正確に印刷できるのが特徴です。そのため、電子文書のデファクトスタンダードなフォーマットの1つとして広く普及しています。

ハガキの宛て先と差出人について

この節では装飾なしのハガキをWebページに描画します。

ハガキの宛て先と差出人のプロジェクト

この節ではハガキの宛て先と差出人をWebページに描画します。ただし、CSSを使ってレイアウトを装飾してません。次の節でCSSでハガキ記入欄の位置にレイアウトします。

35ページの要領で次のコマンドを実行し、Electronフォルダーに「postcard」プロジェクトを新規作成します。Reactのテンプレートのプロジェクトが作られます。

●Reactプロジェクトの新規作成

```
$ npx create-react-app postcard
```

この際「postcard」は必ずすべて小文字にしてください。「PostCard」などのように大文字が入っているとエラーとなり、プロジェクトを新規作成できません。

この章でもクラスコンポーネントではなく、Reactのテンプレートと同じ関数コンポーネントを使います。

「App.js」のコード

「src」→「App.js」ファイルを次のように書き換えます。主にコメントがあるコードだけ追加します。

SAMPLE CODE App.js

```
// React HooksのuseStateのインポート(①)
import {useState} from "react";
// CSSファイルのインポート
import './App.css';

// App関数コンポーネント
function App() {
  // 宛て先の郵便番号のステート(②)
  const [postcode,setPostcode] = useState("");
  // 宛て先の住所のステート
  const [post, setPost] = useState("検索中・・・");

  // 仮想DOMを返す
  return (
    // 一番外のディバイデッドタグ
    <div className="App">
      {/*宛て先の郵便番号(③)*/}
```

```
      <div className='to-code'>{postcode}</div>
      {/*差出人の名前*/}
      <div className="from-name">大西 ○○</div>
      {/*差出人の住所*/}
      <div className="from-post">香川県○○郡○○町○○</div>
      {/*宛て先の名前*/}
      <div className="to-name">○○研究所 様</div>
      {/*宛て先の住所*/}
      <div className="to-post">{post}</div>
      {/*差出人の郵便番号*/}
      <div className='from-code'>7660023</div>
    {/*ディバイデッドタグを閉じる*/}
    </div>
  );
}

// App関数を外から呼び出せるように
export default App;
```

　上記のコードの中でも特に重要な①〜③の解説は次の通りです。この中では関数コンポーネントだけで使われるReact Hooksの「useState」が最も重要です。クラスコンポーネントではReact Hooksは使えません。

▶React HooksのuseStateのインポート（①）

　「useState」のセッターが呼ばれたとき、画面を更新してWebページを描画できます。「useState」のセッターを使うまでは、1番最初の初期化時以外Webページの仮想DOMが更新されません。

▶宛て先の郵便番号のステート（②）

　宛て先の郵便番号は116ページで入力ダイアログで7桁の数字を「postcode」ステートにセットできます。

▶宛て先の郵便番号（③）

　まだこの節では郵便番号は入力できませんが、今のところ空文字が宛て先の郵便番号になります。

||| 動作確認

この節で書いたコードを動作確認するには36ページの要領でVS Codeのターミナルで次のコマンドを実行します。これでReactの書式で書かれたコードが実行可能な「HTML5+JavaScript+CSS」に変換されます。

●ReactをWebページに変換して実行

```
$ npm start
```

コマンドを実行するとWebブラウザが開いて、次の図のようにWebページのデフォルトの位置にハガキの宛て先と差出人が描画されます。それらはまだ正しいハガキ印刷位置ではありません。

Webブラウザで「index.html」ファイルが実行されて「index.js」ファイルから「App.js」ファイルが呼ばれて「App」関数コンポーネントの「return」でHTMLが描画されます。

●まだレイアウトしていないハガキの宛て先と差出人

CSSでレイアウトをハガキの記入欄に合わせる

この節では前節のタグにCSSを適用してはがき印刷用に装飾します。

||| ハガキに合わせたCSSについて

最近のプリンタは高性能なので、どんな機種でも大抵位置合わせしなくても正確に印刷できます。ただし、フチの余白のあり・なしは選択できることがあります。

ハガキに印刷するのは文字だけなので、郵便番号の枠などは必要ありません。もちろん切手を印刷することもありません。

本書のサンプルの中ではこの章が一番CSSの装飾が多かったです。しかも微調整を目分量で行ったので結構手間取りました。

恐らく数値を測って計算すれば正確に印刷位置を位置合わせできるでしょう。そうした方が手を抜かないうえに位置合わせがもっと早くできたと思います。

||| 「App.css」のコード

「src」→「App.css」ファイルを次のように書き換えます。主にコメントがあるコードだけ追加します。

SAMPLE CODE App.css

```css
/*宛て先の郵便番号のセレクタ*/
.to-code {
  /*フォントサイズ*/
  font-size: 35px;
  /*内側の余白*/
  padding: 60px 0 0 225px;
  /*文字間隔(①)*/
  letter-spacing: 20px;
}
/*差出人の名前のセレクタ*/
.from-name {
  /*Edgeで文字を縦書き(②)*/
  -ms-writing-mode: tb-rl;
  /*文字を縦書き(③)*/
  writing-mode: vertical-rl;
  /*横並び*/
  float: left;
  /*フォントサイズ*/
  font-size: 30px;
  /*内側の余白*/
  padding: 250px 0px 0 40px;
```

▼

```
}
/*差出人の住所のセレクタ*/
.from-post {
  /*Edgeで文字を縦書き*/
  -ms-writing-mode: tb-rl;
  /*文字を縦書き*/
  writing-mode: vertical-rl;
  /*横並び*/
  float: left;
  /*フォントサイズ*/
  font-size: 20px;
  /*内側の余白*/
  padding: 160px 0 0 40px;
  /*高さ*/
  height: 390px;
}
/*宛て先の名前のセレクタ*/
.to-name {
  /*Edgeで文字を縦書き*/
  -ms-writing-mode: tb-rl;
  /*文字を縦書き*/
  writing-mode: vertical-rl;
  /*横並び*/
  float: left;
  /*フォントサイズ*/
  font-size: 36px;
  /*内側の余白*/
  padding: 150px 0 0 80px;
}
/*宛て先の住所のセレクタ*/
.to-post {
  /*Edgeで文字を縦書き*/
  -ms-writing-mode: tb-rl;
  /*文字を縦書き*/
  writing-mode: vertical-rl;
  /*横並び*/
  float: left;
  /*フォントサイズ*/
  font-size: 36px;
  /*内側の余白*/
  padding: 50px 0 0 80px;
  /*高さ*/
  height: 500px;
```

```
}
/*差出人の郵便番号のセレクタ*/
.from-code {
  /*横並びをやめて改行*/
  clear: both;
  /*フォントサイズ*/
  font-size: 20px;
  /*内側の余白*/
  padding: 65px 0 0 30px;
  /*文字間隔*/
  letter-spacing: 12px;
}
/*印刷用のページ全体(④)*/
@page {
  /*外側の余白*/
  margin: 0;
}
```

上記のコードの中でも重要な①〜④の解説は次の通りです。CSSは自由にレイアウトできますが、この章ではハガキの印刷位置にほぼピッタリの位置にレイアウトしたのでこのままでもいいでしょう。

▶文字間隔(①)

郵便番号の7桁の枠に収まるように文字間隔を設定します。正確には郵便番号の最初の3桁と残りは別にすべきかもしれません。

▶Edgeで文字を縦書き(②)

ms(つまりMicrosoft Edge)用のWebブラウザで文字を縦書きにします。

▶印刷用のページ全体(④)

④はPDFやプリンタに印刷するときにだけ適用されるセレクタです。Webブラウザやデスクトップアプリに表示するときは無視されます。

▮▮ 動作確認

この節で書いたコードを動作確認するには36ページの要領でVS Codeのターミナルで次のコマンドを実行します。これでReactの書式で書かれたコードが実行可能な「HTML5+JavaScript+CSS」に変換されます。

◉ReactをWebページに変換して実行

```
$ npm start
```

コマンドを実行するとWebブラウザが開いて、次の図のようにハガキ画面にCSSが適用されます。ハガキ印刷向けに装飾が施されました。

Webブラウザで「index.html」ファイルが実行されて「index.js」ファイルから「App.js」ファイルが呼ばれて「App」関数コンポーネントの「return」でHTMLが描画されます。

◉ハガキの記入欄に合わせてWebページをレイアウト

非同期関数について

この節では同期的に並行してではなく、非同期に関数を呼び出します。

■ asyncとawait

「async」とは「asynchronous」の略語で「非同期」という意味です。「非同期」とは並行して処理を行う「同期」の逆の意味で、並行せず順番に1つずつ待って処理を行うことです。

「await」とは「待つ」という意味です。「async」と「await」は対になって動作し、「async」して「await」した関数を「非同期」に処理します。

以前は「Promise」クラスを使って「非同期」を実現していました。もっと簡潔に書けるようにしたものが「async」「await」です。「Promise」を使った例については次の章で解説します。

「async」と「await」は最新のWebブラウザで対応しています。しかし、古いWebブラウザや、最新のWebブラウザでも対応していないことがあるようです。

■ 「App.js」のコード

「src」→「App.js」ファイルを次のように書き換えます。主にコメントがあるコードだけ追加します。

SAMPLE CODE App.js

```
// 副作用フックのインポート
import {useState,useEffect} from "react";
import './App.css';

function App() {
  const [postcode,setPostcode] = useState("");
  const [post, setPost] = useState("検索中・・・");

  // 副作用フック(①)
  useEffect(() => {
    // 非同期関数(②)
    (async() => {
      // 非同期にgetCSV関数を呼び出す
      await getCSV();
    // 非同期の終わり
    })()
  // useEffectを閉じる
  },[]);
```

▼

```
// 非同期でCSVファイルを読み込む関数(③)
async function getCSV() {
  // XMLHttpRrequestオブジェクトを作成
  let req = new XMLHttpRequest();
  // KEN_ALL.CSVファイルにアクセス
  req.open("get", "KEN_ALL.CSV", true);
  // HTTPリクエストの発行
  req.send(null);
  // レスポンスが返ってきたら呼ばれる
  req.onload = function() {
    // コンソールにレスポンス文字列を表示
    console.log(req.responseText.split("\n")[0]);
  }
}
```

（後略）

　上記の中でも特に重要な①〜③の解説は次の通りです。この中では「非同期」で関数を呼び出す「async」と「await」が最も重要です。

▶副作用フック（①）

　副作用（Effect）フックはDOMの更新（レンダー）後に呼ばれる機能です。クラスコンポーネントでは、データの購読を「componentDidMount」で行い、クリーンアップを「componentWillUnmount」で行っていたことを、関数コンポーネントでは「useEffect」で一緒に行います。

　副作用フックは「useEffect」を閉じる「},[]);」で[]内のステートが更新されたときに呼ばれます。ここでは[]内に何もないので最初の1回だけ呼ばれます。

▶非同期関数（②）

　普通は並行して処理が行われるところ、「async」キーワードを使うと「await」した関数の処理が終わるまで待ちます。これを「非同期」といいます。

▶非同期でCSVファイルを読み込む関数（③）

　「async」で「getCSV」関数が非同期関数であることを明示します。

　HTTPでファイルを読み込むための「XMLHttpRequest」クラスのインスタンスを生成し「req」変数に代入します。「open」メソッドで「KEN_ALL.CSV」ファイルにアクセスします。「send」メソッドで「KEN_ALL.CSV」ファイルを読み込みます。「onload」メソッドで「req」変数のロードが完了したら、コンソールにレスポンス文字列の1行目を表示します。

▌▌動作確認

この節で書いたコードを動作確認するには36ページの要領でVS Codeのターミナルで次のコマンドを実行します。これでReactの書式で書かれたコードが実行可能な「HTML5＋JavaScript＋CSS」に変換されます。

●ReactをWebページに変換して実行

```
$ npm start
```

コマンドを実行するとWebブラウザが開いて、次の図のようにWebブラウザにハガキの印刷項目と、コンソールに郵便番号データの1行目が表示されます。

Webブラウザで「index.html」ファイルが実行されて「index.js」ファイルから「App.js」ファイルが呼ばれて「App」関数コンポーネントの「return」でHTMLが描画されます。

●Webブラウザのコンソールに郵便番号データの1行目を表示

郵便番号から住所の取得について

この節では郵便番号データから郵便番号を検索してその住所を取得します。

■ 文字列の操作

この節では文字列を分析する処理をします。文字列を配列に分割したり、文字列から指定した文字列を探して置換したりします。

まず文字列を配列に分割するには「split」メソッドを使います。文字列の「split」メソッドの第1引数があるところで区切って配列に分割します。第1引数の文字列は削除されます。

次に文字列を置換するには「replace」メソッドを使います。第1引数の文字列を第2引数の文字列に置き換えます。正規表現「//g」を使わないと、最初にマッチした1つ目しか置換されません。

文字列は「"」同士や「'」同士で囲んで表します。しかし、郵便番号データには文字列の中に「"」が入っていて不要になるので「replace」メソッドで取り除く必要があります。

■ 「App.js」のコード

「src」→「App.js」ファイルを次のように書き換えます。主にコメントがあるコードだけ追加します。

SAMPLE CODE App.js

```
import {useState,useEffect} from "react";
import './App.css';

function App() {
  const [postcode,setPostcode] = useState("");
  const [post, setPost] = useState("検索中・・・");

  useEffect(() => {
    (async() => {
      await getCSV();
    })()
  },[]);

  async function getCSV() {
    // デフォルトの郵便番号
    const str = "9503122";
    let req = new XMLHttpRequest();
    req.open("get", "KEN_ALL.CSV", true);
```

▼

```
  req.send(null);
  req.onload = function() {
    // 郵便番号から住所を検索
    getPostCode(req.responseText,str);
  }
  // ステートに郵便番号をセット
  setPostcode(str);
}


// 郵便番号から住所を検索する関数(①)
function getPostCode(str,code) {
  // strを改行コードごとに分割
  let tmp = str.split("\n");
  // tmp配列の各要素をループ
  tmp.forEach(element => {
    // 各要素から「"」文字列を取り除く
    let el = element.replace(/"/g,'');
    // elを「,」ごとに分割
    let result = el.split(',');
    // resultの3番目の要素がcodeか調べる
    if (result[2] === code) {
      // ステートに住所をセット
      setPost(result[6]+result[7]+result[8]);
      // 関数から戻る
      return;
    }
  });
}
```

（後略）

　上記のコードの中でも特に重要な①の解説は次の通りです。この中では文字列を配列に分割して解析するのが最も重要です。

▶ **郵便番号から住所を検索する関数（①）**

　「getPostCode」関数の第1引数「str」には郵便番号データ「KEN_ALL.CSV」ファイルの内容の文字列がすべて渡されます。第2引数「code」には検索する郵便番号の文字列が渡されます。

　「str」引数を「split」メソッドで改行コード「\n」ごとに配列に分割して「tmp」変数に代入します。それを「forEach」メソッドで配列の各要素を「element」変数に代入して繰り返し処理します。

「element」変数から「replace」メソッドで正規表現で「"」文字を取り除いて「el」変数に代入します。空白文字に置換することで文字列を取り除けます。

「el」変数を「split」メソッドで「,」ごとに配列に分割して「result」配列に代入します。「result」配列の3番目（郵便番号）が「code」引数と等しいか検索します。等しければ「post」ステートに「result」配列の7〜9番目を繋げた住所をセットします。これで仮想DOMに宛て先の住所がセットされます。

▌▌▌ 動作確認

この節で書いたコードを動作確認するには36ページの要領でVS Codeのターミナルで次のコマンドを実行します。これでReactの書式で書かれたコードが実行可能な「HTML5＋JavaScript＋CSS」に変換されます。

●ReactをWebページに変換して実行

```
$ npm start
```

コマンドを実行するとWebブラウザが開いて、次の図のように郵便番号「9503122」を検索した結果の住所がWebブラウザに表示されます。

Webブラウザで「index.html」ファイルが実行されて「index.js」ファイルから「App.js」ファイルが呼ばれて「App」関数コンポーネントの「return」でHTMLが描画されます。

●郵便番号から住所を検索したハガキ

Electron用の入力ダイアログについて

この節では「electron-prompt」を使って「prompt」を表示します。

▌ electron-promptについて

「postcard」プロジェクトに39〜40ページで作成した「electron.js」ファイルと「preload.js」ファイルを「public」フォルダーにコピー&ペーストします。

Electronのデスクトップアプリでは React（JavaScript）の「prompt」関数は使えません。必ず Electron用の「electron-prompt」を使います。

Webページのレンダラー部分から Electronのメイン部分の関数を呼び出すには、「ipcMain」と「ipcRenderer」で橋渡しが必要です。

レンダラー側から「electronAPI」の「openPrompt」メソッドを呼び出したら、「prompt」というチャンネルを送ってメイン側の「handleOpenPrompt」関数を呼び出して入力ダイアログを表示します。

ハガキの郵便番号記入欄にはハイフンは必要ないので、郵便番号入力ダイアログではハイフンは必要ありません。必ずハイフンを入れずに7桁の郵便番号を入力します。

「electron-prompt」で入力ダイアログを使うには次のコマンドを実行してください。ターミナルを表示してコマンドを入力してください。

◉「electron-prompt」のインストール

```
$ npm install electron-prompt
```

▌「App.js」のコード

「src」→「App.js」ファイルを次のように書き換えます。主にコメントがあるコードだけ追加します。

SAMPLE CODE App.js

```
import {useState,useEffect} from "react";
import './App.css';

function App() {
  const [postcode,setPostcode] = useState("");
  const [post, setPost] = useState("検索中・・・");

  useEffect(() => {
    (async() => {
      await getCSV();
    })()
  },[]);
```

▼

```
async function getCSV() {
  // Electronの入力ダイアログを呼び出す(①)
  const str = await window.electronAPI.openPrompt();
  let req = new XMLHttpRequest();
  req.open("get", "KEN_ALL.CSV", true);
  req.send(null);
  req.onload = function() {
    getPostCode(req.responseText,str);
  }
  setPostcode(str);
}
```

(後略)

上記のコードの中でも特に重要な①の解説は次の通りです。この中では「Electron
のwindow.electronAPI.openPrompt()の呼び出し」が最も重要です。

▶Electronの入力ダイアログを呼び出す(①)

レンダラー側で「preload.js」の「electronAPI.openPrompt()」を呼び出すと、「prompt」
というチャンネルを送ってメイン側の「handleOpenPrompt」関数が呼ばれ入力ダイアログ
を表示します。

‖‖ 「electron.js」のコード

「public」→「electron.js」ファイルを次のように書きます。すべてのコードを追加します。

SAMPLE CODE electron.js

```
// メイン画面を扱うipcMainを読み込み(①)
const {app,ipcMain} = require('electron');
const {BrowserWindow} = require('electron');
const path = require('path');
const isDev = require("electron-is-dev");
// Electron用の入力ダイアログ(②)
const prompt = require('electron-prompt');
// メインのウィンドウ
let mainWindow;

function createWindow () {
  mainWindow = new BrowserWindow({
    // ウィンドウ幅530px
    width: 530,
    // ウィンドウ高さ820px
    height: 820,
```

```
      webPreferences: {
        preload: path.join(__dirname, 'preload.js')
      }
    })
    .
    mainWindow.loadURL(
      isDev ? "http://localhost:3000"
      :`file://${path.join(__dirname, "../build/index.html")}`
    );
}

app.whenReady().then(() => {
  // promptチャンネル(③)
  ipcMain.handle('prompt', handleOpenPrompt)
  createWindow()

  app.on('activate', function () {
    if (BrowserWindow.getAllWindows().length === 0) createWindow()
  })
})

app.on('window-all-closed', function () {
  if (process.platform !== 'darwin') app.quit()
})

// 入力ダイアログを表示する関数
async function handleOpenPrompt() {
  // 入力結果をresult変数に空文字を代入
  result = "";
  // Electronの入力ダイアログ(④)
  await prompt({
    // タイトル
    title: "郵便番号検索",
    // ラベル
    label: "郵便番号を入力してください。",
    // 初期値
    value: "9503122",
    // 入力タイプ
    type: "input",
    // テキスト入力
    inputAttrs: {type: 'text', required: true}
  })
  // 入力された値を受け取る
```

```
  .then((r) => {
    // result変数に入力された値を代入
    result = r;
  })
  // エラーが検出されたら呼ばれる
  .catch(console.error);
  // 入力結果を返す
  return result;
}
```

上記のコードの中でも特に重要な①～④の解説は次の通りです。この中では「electron-promptの入力ダイアログ」が最も重要です。

▶メイン部分を扱うipcMainを読み込み（①）

メイン側であるElectronをレンダラー側とつなげるには「ipcMain」を読み込んで使います。

▶Electron用の入力ダイアログ（②）

Electronで入力ダイアログを使うにはメイン側で「electron-prompt」を使わなければなりません。

▶promptチャンネル（③）

「preload.js」で「prompt」というチャンネルが呼ばれたら「handleOpenPrompt」リスナーを呼び出します。

▶Electronの入力ダイアログ（④）

②で読み込んだ「electron-prompt」を非同期で「prompt」関数を呼び出します。タイトルを「郵便番号検索」に、ラベルを「郵便番号を入力してください。」に、デフォルトの値を「9503122」に、テキスト入力で、入力ダイアログを開きます。

「then」で「prompt」で入力した値を「result」変数に代入します。エラーが検出されたら「catch」でエラー内容を受け取ります。

■■ 「preload.js」のコード

「public」→「preload.js」ファイルを次のように書きます。すべてのコードを追加します。

SAMPLE CODE preload.js

```
// コンテキストブリッジとレンダラーを読み込み（①）
const { contextBridge, ipcRenderer } = require('electron')

// メインとレンダラーをつなぐ（②）
contextBridge.exposeInMainWorld('electronAPI', {
  // openPrompt関数が呼ばれたらpromptチャンネルを呼び出す
  openPrompt: () => ipcRenderer.invoke('prompt')
})
```

前ページのコードの中でも特に重要な①〜②の解説は次の通りです。この中では「メイン側とレンダラー側とのやり取り」が最も重要です。

▶コンテキストブリッジとレンダラーを読み込み（①）

レンダラー部分の「ipcRenderer」とメイン部分を橋渡しするには「contextBridge」を読み込んで使います。

▶メインとレンダラーをつなぐ（②）

コンテキストブリッジで「window」変数に「electronAPI」を登録し、その「openPrompt」メソッドが呼ばれたら「prompt」チャンネルを呼びます。そうして入力ダイアログを開く「handleOpenPrompt」関数を実行します。

▋▋▋ 動作確認

この節で書いたコードを動作確認するには42ページの要領でVS Codeのターミナルで次のコマンドを実行します。これでReactの書式で書かれたコードが実行可能な「HTML5+JavaScript+CSS」に変換されElectronが実行されます。

◉Electronを実行

```
$ npm run electron-start
```

コマンドを実行するとデスクトップアプリが開いて、次の図のように郵便番号の入力を促す入力ダイアログが現れます。郵便番号を入力したらその住所を検索してハガキ画面に表示されます。

Electronで「index.html」ファイルが読み込まれて「index.js」ファイルから「App.js」ファイルが呼ばれて「App」関数コンポーネントの「return」でHTMLが描画されます。

◉郵便番号の入力ダイアログを表示

メニューについて

この節ではElectronで作るデスクトップアプリにメニューをセットします。

ElectronのMenu

この章ではこの節以降Reactの「src」フォルダーに変更はありません。「public」フォルダーの「electron.js」のみ追加コードがあります。

「Menu.buildFromTemplate」でメニューのテンプレートを用意し、「template」変数に代入します。その「template」変数を「Menu.setApplicationMenu」にセットすれば、オリジナルのメニュー項目に変更できます。

メニュー項目には実行する役割(role)として「about」「quit」「reload」「forceReload」「toggleDevTools」などデフォルトで用意されたメニュー項目もあります。もちろんオリジナルの処理も実行できます。

macOSの場合、他のWindowsやLinuxのOSとは違って「アプリ名のメニュー(この節では「postcardメニュー」)」もあります。macOSの場合だけ「アプリ名のメニュー」も用意しなければなりません。

「electron.js」のコード

「public」→「electron.js」ファイルを次のように書き換えます。主にコメントがあるコードだけ追加します。

SAMPLE CODE electron.js

```
const {app,ipcMain} = require('electron');
// Electronのメニュー機能を読み込み
const {BrowserWindow,Menu} = require('electron');
const path = require('path');
const isDev = require("electron-is-dev");
const prompt = require('electron-prompt');
let mainWindow;

(中略)

// macOS向けに実行しているか? (①)
const isMac = (process.platform === 'darwin');

// メニューの用意(②)
const template = Menu.buildFromTemplate([
  // macOSの場合のメニュー
  ...(isMac ? [{
```

```
        // ラベル
        label: app.name,
        // サブメニュー
        submenu: [
          // アバウトメニュー
          {role:'about',label:`${app.name}について`},
          // セパレータ
          {type:'separator'},
          // 終了メニュー
          {role:'quit',label:`${app.name}を終了`}
        ]
      }] : []),{
      // すべてのOSの場合のメニュー(③)
      label: '表示',
      // サブメニュー
      submenu: [
        // 再読み込みメニュー
        {role:'reload',            label:'再読み込み'},
        // 強制的に再読み込みメニュー
        {role:'forceReload',       label:'強制的に再読み込み'},
        // 開発者ツールを表示メニュー
        {role:'toggleDevTools', label:'開発者ツールを表示'},
      ]
    }
  ]);
  // メニューをデスクトップアプリにセット(④)
  Menu.setApplicationMenu(template);
```

　上記のコードの中でも特に重要な①～③の解説は次の通りです。この中ではメニューが最も重要です。

▶macOS向けに実行しているか?(①)

　デスクトップアプリを実行しているOSを調べるには、プロセスの「platform」プロパティを確認します。「platform」プロパティが「darwin」ならmacOSです。

▶メニューの用意(②)

　すべてのメニューを「Menu.buildFromTemplate」関数で作成して「template」変数に代入します。

　macOSの場合は「アプリ名のメニュー(この節ではpostcardメニュー)」に「postcardについて」「postcardを終了」メニューを追加します。

▶すべてのOSの場合のメニュー（③）

Windows・macOS・LinuxのOSにおいて「表示」メニューとそのサブメニュー「再読み込み」「強制的に再読み込み」「開発者ツールを表示」を追加します。

▶メニューをデスクトップアプリにセット（④）

②で用意したメニューをデスクトップアプリにセットします。これをセットしないとデフォルトのメニューが表示されます。

▌▌▌動作確認

この節で書いたコードを動作確認するには42ページの要領でVS Codeのターミナルで次のコマンドを実行します。これでReactの書式で書かれたコードが実行可能な「HTML5+JavaScript+CSS」に変換され、Electronを実行します。

●Electronを実行

```
$ npm run electron-start
```

コマンドを実行するとデスクトップアプリが開いて、次の図のように「表示」メニューが追加されます。

Electronで「index.html」ファイルが読み込まれて「index.js」ファイルから「App.js」ファイルが呼ばれて「App」関数コンポーネントの「return」でHTMLが描画されます。

●表示メニューが追加

ファイルダイアログについて

この節ではPDFに書き出すメニューをクリックするとファイルダイアログが開きます。

||| メニューからPDF書き出しダイアログの表示

前節では用意された役割（role）のメニュー項目だけでした。さらにこの節ではオリジナルのラベル（label）のメニュー名を付けて、クリック（click）したらオリジナルの「exportPDF」関数を呼び出します。

「名前を付けて保存ダイアログ」はElectronの機能「dialog」の「showSaveDialog」関数を使います。この関数だけでPDFファイルに名前を付けて保存するわけではなく、保存するファイル名を取得するだけです。

「showSaveDialog」関数はフィルター（filters）でファイルの種類（name）と拡張子（extensions）をセットします。フィルターには複数のファイルの種類も辞書型で指定できます。

名前を付けて保存とは逆に「ファイルを開くダイアログ」の場合は「showOpenDialog」関数を使います。上書き保存の場合はダイアログは使わなくていいのですが、まだ保存していない場合は「名前を付けて保存ダイアログ」を使わなければなりません。

||| 「electron.js」のコード

「public」→「electron.js」ファイルを次のように書き換えます。主にコメントがあるコードだけ追加します。

SAMPLE CODE electron.js

```javascript
// Electronのダイアログ機能を読み込み
const {app,dialog,ipcMain} = require('electron');
const {BrowserWindow,Menu} = require('electron');
const path = require('path');
const isDev = require("electron-is-dev");
const prompt = require('electron-prompt');
let mainWindow;

（中略）

// PDFファイルへ書き出すダイアログを表示する関数
function exportPDF() {
  // PDFファイルへ書き出すダイアログを表示(①)
  dialog.showSaveDialog(mainWindow, {
    // PDFフォーマットをセット
    filters: [
```

▼

```javascript
      { name: 'PDF file', extensions: ['pdf'] },
    ]
    // ファイル名を取得
  }).then(result => {
    // エラーを検出した場合
  }).catch(err => {
    // エラー内容を表示
    console.log(err)
  })
}

const isMac = (process.platform === 'darwin');

const template = Menu.buildFromTemplate([
  ...(isMac ? [{
     label: app.name,
     submenu: [
       {role:'about',label:`${app.name}について`},
       {type:'separator'},
       {role:'quit',label:`${app.name}を終了`}
     ]
  }] : []),{
    // ファイルメニュー
    label: 'ファイル',
    // サブメニュー
    submenu: [
      // PDFファイルへ書き出すメニュー(②)
      {label:'PDF書き出し',click: () => exportPDF()},
      // セパレータ
      {type:'separator'},
      // 終了メニュー
      {role:'quit', label:'終了'}
    ]
  },{
    label: '表示',
    submenu: [
      {role:'reload',          label:'再読み込み'},
      {role:'forceReload',     label:'強制的に再読み込み'},
      {role:'toggleDevTools', label:'開発者ツールを表示'},
    ]
  }
]);

Menu.setApplicationMenu(template);
```

125

前ページのコードの中でも特に重要な①〜②の解説は次の通りです。この中では「オリジナルメニュー」と「ファイルダイアログの表示」が最も重要です。

▶ PDFファイルへ書き出すダイアログを表示（①）

Electronの機能「dialog」の「showSaveDialog」関数で「mainWindow」に「pdf」拡張子のファイルを名前を付けて保存するダイアログを表示します。ファイル名を指定したら「then」でそのファイル名を取得します。エラーが出た場合は「catch」で検出してエラー内容をコンソールに表示します。

▶ PDFファイルへ書き出すメニュー（②）

「ファイル」メニューのサブメニューにラベル「PDF書き出し」を追加し、クリック（click）したら「exportPDF」関数を呼び出します。

▌▌▌ 動作確認

この節で書いたコードを動作確認するには42ページの要領でVS Codeのターミナルで次のコマンドを実行します。これでReactの書式で書かれたコードが実行可能な「HTML5+JavaScript+CSS」に変換されElectronが実行されます。

●Electronを実行

```
$ npm run electron-start
```

コマンドを実行するとデスクトップアプリが開いて、次の図のように「ファイル」→「PDF書き出し」メニューでPDFへ書き出すファイルダイアログを表示するだけします。まだPDFには書き出せません。

Electronで「index.html」ファイルが読み込まれて「index.js」ファイルから「App.js」ファイルが呼ばれて「App」関数コンポーネントの「return」でHTMLが描画されます。

●PDF書き出しダイアログの表示

PDFファイルの作成について

この節では「名前を付けて保存ダイアログ」で指定したファイル名で、ハガキに印刷する項目をPDFファイルに書き出します。

ⅢⅢ Webページをprint ToPDF

この節でPDFファイルをファイル名を付けて保存できます。PDFファイルに保存する文字列や画像は、Reactで作ったWebページの画面そのものです。

Reactで作ったWebページはElectronのメインウィンドウ「mainWindow」に読み込まれるということは何度も述べました。そのため、メインウィンドウのWebコンテンツ「webContents」プロパティを「printToPDF」メソッドでPDFファイルに書き出します。

ただし、「printToPDF」メソッドはPDFデータを生成するだけです。それを「then」メソッドで「data」変数を受け取って「fs」モジュールの「writeFile」関数でデータをファイルに保存します。

「名前を付けて保存ダイアログ」はキャンセルの場合もあるので、その場合は「printPDF」関数は呼び出しません。キャンセルだとファイル名が取得できないからです。

ⅢⅢ「electron.js」のコード

「public」→「electron.js」ファイルを次のように書き換えます。主にコメントがあるコードだけ追加します。

SAMPLE CODE electron.js

```javascript
const {app,dialog,ipcMain} = require('electron');
const {BrowserWindow,Menu} = require('electron');
const path = require('path');
const isDev = require("electron-is-dev");
const prompt = require('electron-prompt');
// fs機能の読み込み(①)
const fs = require("fs");
let mainWindow;

(中略)

function exportPDF() {
  dialog.showSaveDialog(mainWindow, {
    filters: [
      { name: 'PDF file', extensions: ['pdf'] },
    ]
  }).then(result => {
```

▼

05

```
    // 名前を付けて保存ダイアログがキャンセルではないか調べる            ▼
    if ( !result.canceled )
      // キャンセルでない場合printPDF関数を呼び出す
      printPDF(result.filePath)
  }).catch(err => {
    console.log(err)
  })
}

// PDFファイルを作成する関数
function printPDF(filename) {
  // PDFファイルの作成(②)
  mainWindow.webContents.printToPDF({
    pageSize:{width:100*1000, height:148*1000},
    scaleFactor:72,
    printBackground: true
  // PDFファイルのデータが返された場合
  }).then(data => {
    // ファイル名引数の名前でPDFファイルの保存
    fs.writeFile(filename, data, (error) => {
      // エラーの場合、独自の例外を発生させる
      if (error) throw error
      // コンソールに成功したことを表示
      console.log('Write PDF successfully.')
    })
  // エラーをキャッチした場合
  }).catch(error => {
    // 独自の例外を発生させる
    throw error
  })
}
```

（後略）

　上記のコードの中でも特に重要な①～②の解説は次の通りです。この中では「PDF
ファイルの作成」が最も重要です。

▶fs機能の読み込み(①)

　「fs」モジュールはファイルを操作する機能を読み込みます。「fs」モジュールは主に
ファイルを保存したりファイルを開いたりします。

▶PDFファイルの作成（②）

　メインウィンドウのWebコンテンツを「printToPDF」メソッドでPDFに書き出します。ページのサイズはハガキのサイズである幅高さ100×148ミリにそれぞれ1000を乗算します。スケール係数は0〜100の値で72が標準です。

　PDFファイルへの書き出しデータが返されるとき「then」メソッドが呼ばれます。そこでファイルを操作する「fs」モジュールの「writeFile」関数で引数「filename」のファイル名で「data」変数をPDFファイルへ書き出します。

　例外が発生した場合は「catch」メソッドにエラー内容が渡されます。

▋▋ 動作確認

　この節で書いたコードを動作確認するには42ページの要領でVS Codeのターミナルで次のコマンドを実行します。これでReactの書式で書かれたコードが実行可能な「HTML5+JavaScript+CSS」に変換されElectronを実行します。

●Electronを実行

```
$ npm run electron-start
```

　コマンドを実行するとデスクトップアプリが開いて、次の図のように「ファイル」→「PDF書き出し」メニューでPDFへ書き出すダイアログでファイル名を指定したら、ハガキの表面の印刷項目がPDFファイルに生成されます。

●ハガキ印刷用のPDFファイルの作成

▌▌▌この章のまとめ

　この章ではまずハガキの表面の印刷項目をReactを使ってWebページで作りました。それをElectronでPDF書き出しメニューでファイル名を付けて保存するダイアログを開き、ハガキ印刷用のPDFファイルに保存しました。ただし、番地や氏名は入力できないので、仮想DOMに直接書いてください。

CHAPTER 06

データベースを使った
ToDoリストの開発

この章では、CHAPTER 03で作ったToDoリストに
データベースで記録する機能を追加します。

ToDoリストのデータベースについて

この節ではこの章で開発するデータベースを使ったToDoリストのReactアプリとElectronアプリについて、最終的にどのようなプロジェクトやアプリが完成するか解説します。

■ データベースとは

データベースとはDataのBaseのことで直訳すれば「データ基地」です。つまりデータだけを読み書きするシステムです。

コンピュータはほとんど、OSでソフトウェアを動作させ、ソフトウェアで作ったり使ったりするデータだけで成り立っています。データベースは作られるべくして作られた本当にうまく考えられたシステムだと思います。

データベースを実行するにはSQL文というスクリプトをプログラミングしてアクセスします。SQL文で容易にデータを検索して取り出したりでき、オリジナルのファイル形式でデータを扱うより容易にデータを扱えます。

データベースはSQL文を実行したらデータがその場で読み書きされるので、ファイルに保存するダイアログやファイルを開くダイアログは必要ありません。

▶ データベースを使ったToDoリストのサンプルを見る

まずこの章で完成するデータベースを搭載したToDoアプリを実行して見てみます。この章もElectron固有の機能を追加していきます。

次の図のようなElectron製のデスクトップアプリを、データベースでデータを読み書きするToDoリストを開発します。見た目はCHAPTER 03で完成したデスクトップアプリのままです。

●データベースを搭載したToDoリスト

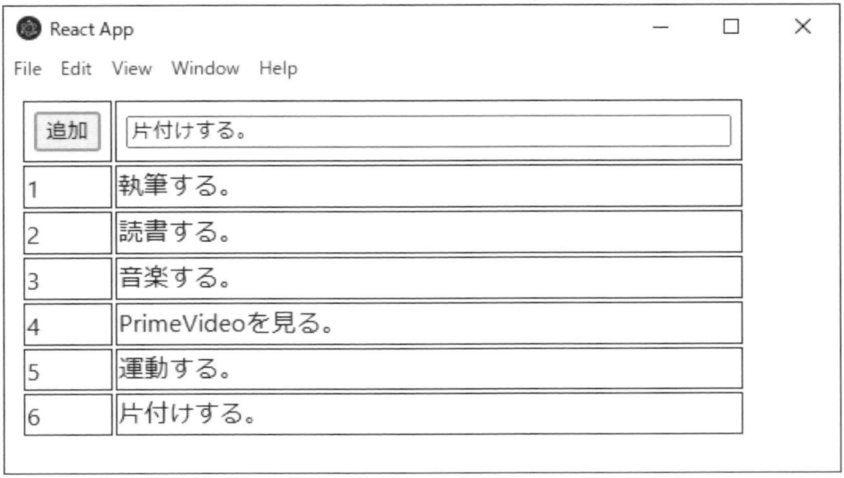

サンプルファイルをC&R研究所のサイトからダウンロードしたら、35ページの要領でVS Codeで「sqlite」→「6-6」フォルダーを開いて、「ターミナル」で次のコマンドを入力してください。ファイルサイズの関係で大きなファイルサイズの「node_modules」フォルダーを一緒に入れていないので、このコマンドでインストールが必要です。

◉不足した「node_modules」フォルダーのファイルのインストール

```
$ npm install
```

次のコマンドで「sqlite」→「6-6」プロジェクトを実行します。CHAPTER 03と同様にやるべきことを入力して「追加」ボタンを押せばToDoリストに追加しデータベースに保存されます。次回起動時には追加したToDoリストが残っています。

◉プロジェクトの実行

```
$ npm run electron-start
```

▶データベースを使ったToDoリストのプロジェクト階層図

この章では基本的にElectronのメイン側でデータベースを処理し、レンダラー側のReactからメイン側のデータベースにアクセスします。まずCHAPTER 03で完成したToDoリストのElectronとReactに肉付けしていきます。

前の章でElectron固有の機能を実装しました。この章ではさらに進歩して、Electron固有の「データベースアクセス」を実装します。

そのため、「public」フォルダーの「electron.js」ファイルや「preload.js」ファイルにElectron固有の機能を追加します。この章では「$ npm start」でWebページだけを動作させることはありません。

この章で最終的にファイル階層図は次ページのようになります。説明を書いたファイルだけReactテンプレートに追加・変更があります。

●本章で作る「sqlite」フォルダーの階層図

```
sqliteフォルダー
 ├buildフォルダー
 ├distフォルダー
 ├node_modulesフォルダー
 ├publicフォルダー
 │  ├electron.jsファイル(Electronのメイン機能)
 │  ├favicon.icoファイル
 │  ├index.htmlファイル
 │  ├logo192.pngファイル
 │  ├logo512.pngファイル
 │  ├manifest.jsonファイル
 │  ├preload.jsファイル(メインのElectronとReactレンダラーを繋ぐ機能)
 │  ├robots.txtファイル
 │  └sqlite.jsファイル(データベースにアクセス)
 ├srcフォルダー
 │  ├App.cssファイル
 │  ├App.jsファイル(ToDoリストのWebページを作成)
 │  ├App.test.jsファイル
 │  ├index.cssファイル
 │  ├index.jsファイル
 │  ├reportWebVitals.jsファイル
 │  └setUpTests.jsファイル
 ├.gitignoreファイル
 ├package-lock.jsonファイル
 ├package.jsonファイル(このtodoアプリの構成ファイル)
 ├todo.dbファイル(SQLite3用のデータベースファイル)
 └README.mdファイル
```

　データベースを使ったToDoリストのプログラムの流れは次の図のようになります。アプリを実行するとまずElectronから起動します。

●データベースを使ったToDoリストのプログラムの流れ

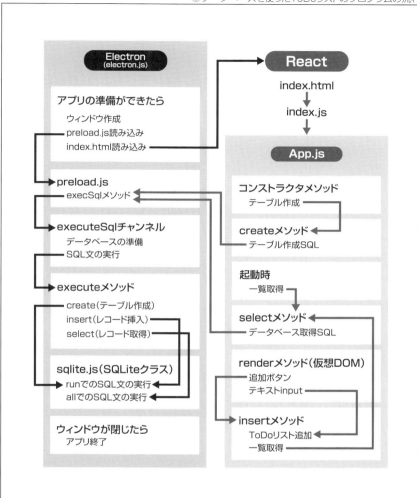

| COLUMN | データベースの種類 |

　この章ではデータベースに「SQLite3」を使いますが、他にも「Oracle Database」「Microsoft SQL Server」「MySQL」「PostgreSQL」「MongoDB」などもあります。「Oracle Database」は世界初の商用RDBMS（関係データベース管理システム）です。

　Webアプリでは「MySQL」を使う場合が多いですが、デスクトップアプリでは「SQLite3」で十分でしょう。

SQLite3について

この節ではElectronやReactではなく、「コマンドプロンプト」からデータベースのSQLite3の使い方を解説します。

||| データベースのCRUD

データベースの基本機能は「CRUD」の4つです。「CRUD」とはソフトウェアで永続的なデータを取り扱う、データの作成(Create)、データの読み出し(Read)、データの更新(Update)、データの削除(Delete)の4つの頭文字をとった略語です。

SQL文では、データの作成に「INSERT」文を、データの読み出しに「SELECT」文を、データの更新に「UPDATE」文を、データの削除に「DELETE」文を使います。SQL文の4つの頭文字が「CRUD」ではないことに注意してください。

実は4つ以外にもう1つデータベースのテーブルを作るのに「CREATE」文を使い、これでデータベースファイルも作られます。テーブルは「一覧表」を意味し、データを一覧表の中に読み書きします。

「コマンドプロンプト」で「sqlite3.exe」を実行した際にはSQL文の最後に必ず「;」が必要です。ElectronでSQL文を書くときは「;」は不要です。

▶ SQLite3の用意

この章で扱うデータベースであるSQLite3をWindowsで実行するには、次のURLの次の図の「sqlite-tools-win32-x86-3390200.zip」をダウンロードします。ファイル名のバージョンは異なる可能性があります。macOSには最初からSQLite3がインストールされています。

解凍した「sqlite-tools-win32-x86-3390200.zip」を「C:¥Users¥ユーザー名」フォルダーにコピー&ペーストします。「ユーザー名」はあなたのアカウント名です。

- ● SQLite3のダウンロードページ
  - URL https://sqlite.org/download.html

◉SQLite3のダウンロードページ

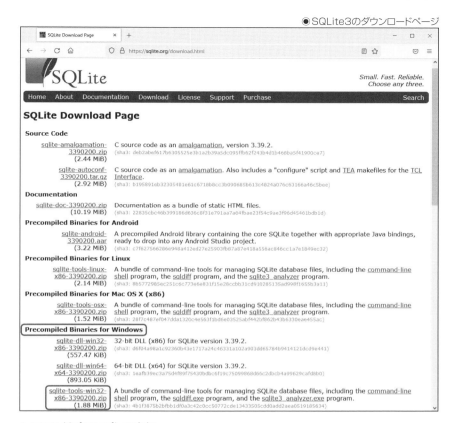

▶コマンドプロンプトの実行

　SQLite3を使って「CRUD」する例はWindowsの「コマンドプロンプト」から実行します。macOSの場合はVS Codeではなくアプリケーションの「ターミナル」を使います。

　「コマンドプロンプト」は「スタートメニュー」→「Windowsシステムツール」→「コマンドプロンプト」にあります。「コマンドプロンプト」は次の図のように実行します。

◉スタートメニューのコマンドプロンプト

▶SQLite3の実行

「コマンドプロンプト」で次の図のように、次のコマンドを実行してカレントディレクトリを「C:¥Users¥ユーザー名」フォルダーにセットします。

次に、「todo.db」というデータベースファイル名でSQLite3を実行します。「sqlite3 データベースファイル名」のデータベースファイル名を省略するとファイルには保存しません。

◉カレントディレクトリとSQLite3の実行

```
$ cd C:¥Users¥ユーザー名
$ sqlite3 todo.db
```

◉SQLite3の実行

Ⅲ SQL文の実行

「コマンドプロンプト」でSQLite3を実行したら「sqlite>」に続けてSQL文を実行します。「sqlite>」は最初から書かれているので入力は不要です。

まず「CREATE」文でテーブルを作成します。これは最初の1回だけで構いません。

次に「INSERT」文でテーブルに1行挿入し、「SELECT」文でテーブルの一覧を取得し、「UPDATE」文でテーブルのカラムを更新し、「DELETE」文でテーブルの行を削除します。これらはいろいろと値を変えて何度も試してください。

「CRUD」は基本機能だけです。他にもさまざまなSQL文が存在します。

テーブルは次の図のように、カラム（列）と、カラムを持ったレコード（行）を挿入したり更新したり削除したりします。レコード（行）のそれぞれのカラムの値がフィールドです。

◉テーブルとカラムとレコードとフィールド

	カラム1	カラム2	カラム3
テーブル			
レコード(行)	フィールド	フィールド	フィールド
レコード(行)	フィールド	フィールド	フィールド
レコード(行)	フィールド	フィールド	フィールド

▶ テーブルの作成のSQL文

テーブルの作成は「CREATE TABLE テーブル名(カラム名 型,カラム名 型,....);」のSQL文を実行します。カラムを持ったテーブルが作成できます。

SQLite3が起動した状態で次のコマンドを実行すると「todo.db」ファイルが作成され、「todoTable」テーブルが作成されます。型には「INTEGER（整数）」「TEXT（文字列）」「REAL（浮動小数点数）」「BLOB（バイナリデータ）」「NULL（なし）」があります。

◉テーブルの作成のSQL文

```
sqlite>CREATE TABLE todoTable(id INTEGER,todo TEXT);
```

▶ データの挿入のSQL文

データの挿入は「INSERT INTO テーブル名 VALUES(カラム名1,カラム名2,....);」のSQL文を実行します。テーブルにカラムの値を入れて1行追加します。

SQLite3が起動した状態で次のコマンドを実行すると「todoTable」テーブルに1行のデータが挿入されます。ここでは「todoTable」の「id」カラムに「1」が、「todo」カラムに「やるべきことのリスト」文字列が挿入されます。

◉データの挿入のSQL文

```
sqlite>INSERT INTO todoTable VALUES(1,"やるべきことのリスト");
```

▶データの読み出しのSQL文

データの読み出しは「SELECT カラム名 FROM テーブル名;」のSQL文を実行します。カラムを「*」にするとすべてのカラムを指定します。

SQLite3が起動した状態で次のコマンドを実行します。

◉データの読み出しのSQL文

```
sqlite>SELECT * FROM todoTable;
```

すると、次の図のように「todoTable」テーブルの一覧が取得されます。

◉todoTableテーブルの一覧表

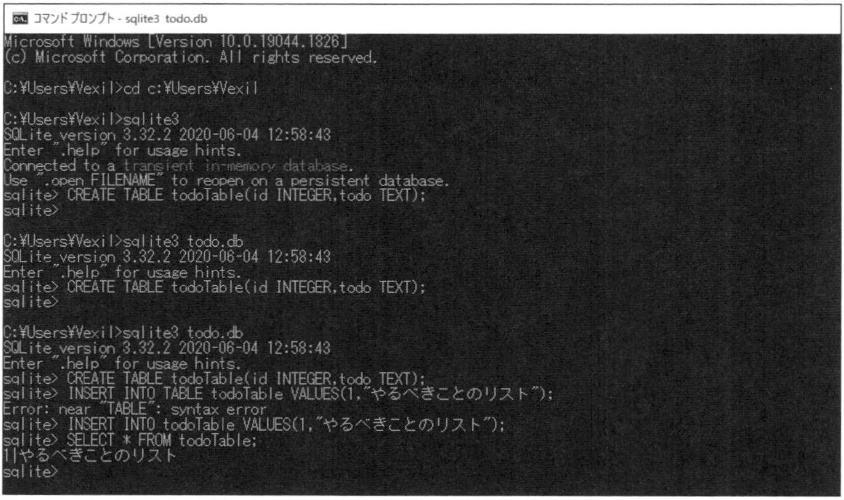

▶データの更新のSQL文

データの更新は「UPDATE テーブル名 SET カラム名=値 WHERE 条件;」のSQL文を実行します。条件に合うテーブルの行のカラムに値を入れ換えします。

SQLite3が起動した状態で次のコマンドを実行すると「todoTable」テーブルが作成されます。ここでは「todoTable」の「id」カラムが「1」のところで「todo」カラムを「データを更新した」文字列に書き換えます。

正しく「todoTable」が更新されたか「SELECT」文でもう一度確認してください。

◉データの更新のSQL文

```
sqlite>UPDATE todoTable SET todo="データを更新した" WHERE id=1;
```

▶データの削除のSQL文

データの削除は「DELETE FROM テーブル名 WHERE 条件;」のSQL文を実行します。条件に合うテーブルの行をすべて削除します。

SQLite3が起動した状態で次のコマンドを実行すると「todoTable」から「id」カラムが「1」の行を削除します。

正しく「todoTable」から1行削除されたか「SELECT」文でもう一度確認してください。

◉データの削除のSQL文

```
sqlite>DELETE FROM todoTable WHERE id=1;
```

□1

□2

□3

□4

□5

□6

データベースを使ったToDoリストの開発

□7

COLUMN	データベースシステムごとのSQL文

データベースのシステムにはSQLite3以外にも「Microsoft SQL Server」や「MySQL」などもありますが、SQL文はそれぞれのシステムごとに文法が異なることがあります。ただし、この節ぐらいのことならほとんど同じような文法でSQL文を実行できます。

メイン側とレンダラー側について

この節ではレンダラー側からメイン側を呼び出すだけします。

▌ レンダラー側からメイン側を呼び出す

この節からCHAPTER 03のToDoリストにデータベースの機能を実装していきます。まだこの節ではデータベースの機能は実装していません。

前の章の郵便番号入力ダイアログでも実装しましたが、この節でも同様に「preload.js」ファイルでレンダラー側からメイン側の「electron.js」ファイルの「executeSql」チャンネルを呼び出します。

データベースを使うにはレンダラー側のReactでは扱えないので、メイン側のElectronで実装しなければなりません。そこでReactから「window.electronAPI.execSql」メソッドを呼び出します。

「preload.js」では橋渡しの「contextBridge」モジュールなどをインポートしていますが、Reactではインポートは不要です。なぜなら「contextBridge.exposeInMainWorld」で「window」変数の中に「electronAPI」プロパティを作ったので、「window」変数から呼び出せるからです。

▌ 「App.js」のコード

「src」→「App.js」ファイルを次のように書き換えます。CHAPTER 03に加えて、主にコメントがあるコードだけ追加します。

SAMPLE CODE App.js

```
import React, { Component } from 'react';
import './App.css';

class App extends Component {
  state = {
    list: [{id:0,value:"ToDoリストを書く"},],
  }

  constructor(prop) {
    super();
    this.todoRef = React.createRef();
    // this.create関数を呼び出す
    this.create();
  }

  // データベースの作成を呼び出す関数(①)
```

```
async create() {
  // SQL文CREATEを実行する
  await window.electronAPI.execSql('create');
}

async insert(e) {
  let array = this.state.list;
  const id = this.state.list.length;
  const val = this.todoRef.current.value;
  array.push({id:id,value:val});
  this.setState({list:array});
}

render() {
  return <div className="App">
    <table>
      <thead><tr><td>
        <button onClick={this.insert.bind(this)}>
          追加</button>
      </td><td>
        <input type="text" ref={this.todoRef} size="50" />
      </td></tr></thead>
      <tbody>
        {this.state.list.map(item => <tr key={item.id}>
          <td>{item.id}</td><td>{item.value}</td>
        </tr>)}
      </tbody>
    </table>
  </div>
}
}

export default App;
```

上記のコードの中でも特に重要な①の解説は次の通りです。

▶データベースの作成を呼び出す関数(①)

「create」関数はデータベースのテーブルを作成を呼び出す関数です。「async」で非同期で実行します。

「preload.js」ファイルの「electronAPI」プロパティの「execSql」メソッドの引数に「create」を渡して呼び出します。この際「await」で非同期に待ちます。

III 「preload.js」のコード

「public」→「preload.js」ファイルを次のように書き換えます。すべてのコードを追加します。

SAMPLE CODE preload.js

```
// コンテキストブリッジとレンダラー機能の読み込み
const { contextBridge, ipcRenderer } = require('electron')

// electronAPIプロパティの実装(①)
contextBridge.exposeInMainWorld('electronAPI', {
  // execSqlメソッドの実装
  execSql: (sql,param) => ipcRenderer.invoke('executeSql',sql,param)
})
```

上記のコードの中でも特に重要な①の解説は次の通りです。「レンダラー側からSQL文実行関数呼び出し」が最も重要です。

▶ electronAPIプロパティの実装(①)

コンテキストブリッジでメイン側とレンダラー側を橋渡しします。「window」変数に「electronAPI」プロパティを追加し、そのメソッドとして「execSql」メソッドを追加します。「execSql」メソッドはメイン側に「executeSql」チャンネルを送ります。

「Window」インターフェイスは「DOM document」を収めるウィンドウを表します。そのグローバル変数が「window」変数です。

III 「electron.js」のコード

「public」→「electron.js」ファイルを次のように書き換えます。CHAPTER 03に加えて、主にコメントがあるコードだけ追加します。

SAMPLE CODE electron.js

```
const {app, BrowserWindow} = require('electron');
const path = require('path');
const isDev = require("electron-is-dev");
// メイン側の機能の読み込み
const {ipcMain} = require('electron');

function createWindow () {
  const mainWindow = new BrowserWindow({
    width: 800,
    height: 800,
    webPreferences: {
      nodeIntegration: true,
      preload: path.join(__dirname, 'preload.js')
    }
```

▼

```
    })

    mainWindow.loadURL(
      isDev? "http://localhost:3000"
      :`file://${path.join(__dirname,"../build/index.html")}`
    );
  }

  app.whenReady().then(() => {
    createWindow();

    app.on('activate', function () {
      if (BrowserWindow.getAllWindows().length === 0)
        createWindow()
    })
  })

  app.on('window-all-closed', function () {
    if (process.platform !== 'darwin') app.quit()
  })

  // レンダラー側から送られたexecuteSqlチャンネルを受け取る(①)
  ipcMain.handle('executeSql', async (e,sql,param) => {
  });
```

上記のコードの中でも特に重要な①の解説は次の通りです。

▶レンダラー側から送られたexecuteSqlチャンネルを受け取る(①)

「preload.js」のコンテキストブリッジから送られた「executeSql」チャンネルを受け取ると無名関数を実行します。まだ何も処理していません。

||| 動作確認

この節で書いたコードを動作確認するには42ページの要領でVS Codeのターミナルで次のコマンドを実行します。これでReactの書式で書かれたコードが実行可能な「HTML5+JavaScript+CSS」に変換されElectronを実行します。

●Electronを実行

```
$ npm run electron-start
```

　コマンドを実行するとデスクトップアプリが開いて、次の図のように追加ボタンでやるべきことを追加します。まだデータベースには何も保存しません。

　Electronで「index.html」ファイルが読み込まれて「index.js」ファイルから「App.js」ファイルが呼ばれて「App」クラスコンポーネントの「render」メソッドでHTMLが描画されます。

◉追加ボタンでToDoリスト

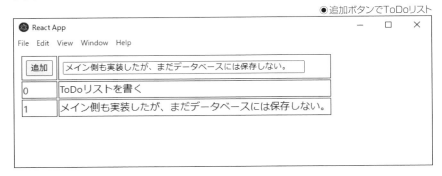

クラスについて

この節では「SQLite」クラスを宣言して、そのインスタンスを生成します。

クラスの宣言とインスタンスの生成

クラスとは機械の設計図のようなもので、たとえばロボットクラスなら歩く機能や歩くスピード状態などの設計図があるとします。その設計図をもとに作られた本物のロボットが「インスタンス」に当たります。

この節では「sqlite.js」ファイルに「SQLite」クラスを宣言します。この章で最終的にSQL文を実行する機能を持ちます。まだこの節ではSQL文は実行しません。

「SQLite」クラスは「sqlite3」モジュールを扱い易くまとめるクラスです。まだコンストラクタを呼んで「インスタンス」を生成しているだけです。

クラスは「class」で宣言しても「インスタンス」を生成するまで何も実行されません。これは関数が宣言しただけでは実行されないのと同じです。

▶「sqlite3」モジュールのインストール

ElectronでSQLite3を扱うには「sqlite3」モジュールが必要です。ターミナルで次のようなコマンドを実行してインストールします。

インストールが終わったら「package.json」の「dependencies」に「"sqlite3": "^5.0.10"」が追加されているか確認してください。バージョンは異なる可能性があります。

◉「sqlite3」モジュールのインストール

```
$ npm install sqlite3
```

「electron.js」のコード

「public」→「electron.js」ファイルを次のように書き換えます。前節に続けて、主にコメントがあるコードだけ追加します。

SAMPLE CODE electron.js

```
const {app, BrowserWindow} = require('electron');
const path = require('path');
const isDev = require("electron-is-dev");
const {ipcMain} = require('electron');
// sqlite.jsの読み込み(①)
const SQLite = require('./sqlite');

(中略)

ipcMain.handle('executeSql', async (e,sql,param) => {
```

▼

```
// SQLiteクラスのインスタンスの生成(②)
const db = new SQLite("./todo.db");
// SQL実行関数の呼び出し
return await execute(db,sql,param);
});

// SQL実行関数
function execute(db,sql,param) {
  // sql文字列を返す
  return sql;
}
```

上記のコードの中でも特に重要な①〜②の解説は次の通りです。この中では「SQLiteクラスのインスタンスの生成」が最も重要です。

▶ sqlite.jsの読み込み(①)

次に作る「sqlite.js」モジュールを読み込み「SQLite」クラスが使えるようにします。

▶ SQLiteクラスのインスタンスの生成(②)

今のところReactのWebページが起動した際にテーブルを作成(CREATE)するために呼ばれます。「sqlite.js」ファイルの「SQLite」クラスの「インスタンス」を生成し「db」変数に代入します。

Ⅲ 「sqlite.js」のコード

「public」→「sqlite.js」ファイルを次のように作成します。すべてのコードを追加します。

SAMPLE CODE sqlite.js

```
// sqlite3モジュールの読み込み(①)
const sqlite3 = require('sqlite3').verbose();

// SQLiteクラスの宣言(②)
class SQLite {
  // コンストラクタ
  constructor(dbFileName) {
    // Databaseクラスのインスタンスの生成
    this.db = new sqlite3.Database(dbFileName);
  }
}
// 他のファイルからもSQLiteクラスを使えるように
module.exports = SQLite;
```

上記のコードの中でも特に重要な①〜②の解説は次の通りです。この中では「SQLiteクラスの宣言」が最も重要です。

▶ sqlite3モジュールの読み込み(①)

「sqlite3」モジュールを読み込んで、その「verbose」メソッドを「sqlite3」として扱えるようにします。

「verbose」メソッドは実行モードにセットしたプログラムにエラーが発生したときに、直前に実行していた関数やメソッドなどの履歴を表示します。

▶ SQLiteクラスの宣言(②)

「class」で「SQLite」クラスを宣言します。「SQLite」クラスの「インスタンス」を生成する際にコンストラクタ(constructor)が呼び出されます。ここのコンストラクタでは「sqlite3」モジュールの「Database」クラスの「インスタンス」を生成し、「db」プロパティに代入します。

||| 動作確認

この節で書いたコードを動作確認するには42ページの要領でVS Codeのターミナルで次のコマンドを実行します。これでReactの書式で書かれたコードが実行可能な「HTML5+JavaScript+CSS」に変換されElectronを実行します。

◉Electronを実行

```
$ npm run electron-start
```

コマンドを実行するとデスクトップアプリが開いて、次の図のように追加ボタンでやるべきことを追加します。まだデータベースには何も読み書きしません。

Electronで「index.html」ファイルが読み込まれて「index.js」ファイルから「App.js」ファイルが呼ばれて「App」クラスコンポーネントの「render」メソッドでHTMLが描画されます。また、Electron側でデータベースを処理します。

◉まだデータベースに読み書きしないToDoリスト

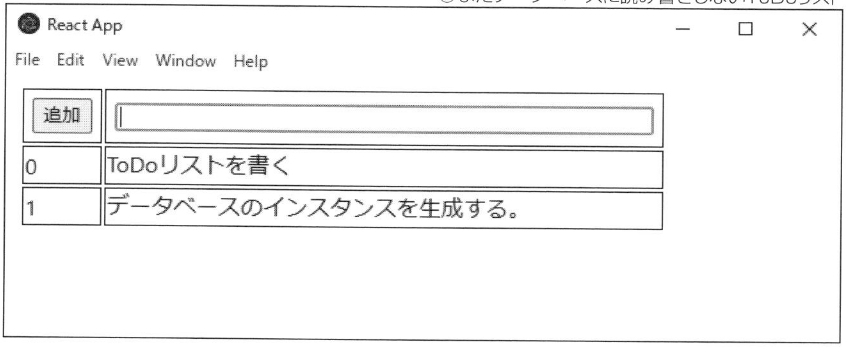

SQL文について

この節では「Promise」オブジェクトで非同期にテーブルを作成するSQL文を実行します。

▌PromiseでSQL文の実行

この節ではテーブルを作成（CREATE）するSQL文を実行します。その際、「Promise」オブジェクトを使って非同期にSQL文を実行します。

同じ名前のテーブルがすでに存在する場合に「CREATE TABLE」するとエラーになります。そこで「todoTable」テーブルが存在しないことを「IF NOT EXISTS テーブル名」で調べて、なければ「todoTable」テーブルを作成します。

「Promise」オブジェクトは処理が非同期に完了して解決したら（resolve）、「then」メソッドを実行します。または「Promise」オブジェクトの第1引数の無名関数の第1引数に解決した場合（ok）と第2引数に拒否された場合（ng）が渡されます。

「Promise」オブジェクトは「async」「await」に置き換えることもできます。それについては110ページで解説しました。

▌「electron.js」のコード

「public」→「electron.js」ファイルを次のように書き換えます。前節に続けて、主にコメントがあるコードだけ追加します。

SAMPLE CODE electron.js

```
（前略）

function execute(db,sql,param) {
  // 実行するSQL文がテーブル作成が調べる
  if (sql == 'create') {
    // SQL文でテーブル作成（①）
    return Promise.resolve().then(() => db.run(
      // テーブル作成するSQL文の文字列
      `CREATE TABLE IF NOT EXISTS todoTable(
        id INTEGER PRIMARY KEY AUTOINCREMENT,todo TEXT)`));
  }
  return sql;
}
```

上記のコードの中でも特に重要な①の解説は次の通りです。

▶SQL文でテーブル作成（①）

「Promise」オブジェクトが非同期で実行完了したら、データベースSQLite3の「run」メソッドでSQL文を実行します。「db」引数は「sqlite.js」モジュールの「SQLite」クラスのインスタンスで、「sql」引数は「CRUD」の種類で、この節では「param」引数は使いません。

「sql」引数が「create」の場合、「CREATE TABLE IF NOT EXISTS todoTable(id INTEGER PRIMARY KEY AUTOINCREMENT,todo TEXT)」の「SQL文」を実行します。「todoTable」テーブルが存在しない場合、整数（INTEGER）型で主キー（PRIMARY KEY）で自動インクリメント（AUTOINCREMENT、行を追加するたびに「id」カラムの値を1ずつ加算する）の「id」カラムと、テキスト（TEXT）型の「todo」カラムを持った「todoTable」テーブルを作成します。

▐▐▐ 「sqlite.js」のコード

「public」→「sqlite.js」ファイルを次のように書き換えます。前節に続けて、主にコメントがあるコードだけ追加します。

SAMPLE CODE sqlite.js

```
const sqlite3 = require('sqlite3').verbose();

class SQLite {
  constructor(dbFileName) {
    this.db = new sqlite3.Database(dbFileName);
  }

  // SQL文実行メソッド
  run(sql,param) {
    // 非同期に処理する（①）
    const p = new Promise((ok,ng) => {
      // SQLite3データベースでSQL文実行（②）
      this.db.run(sql,param,function(err,res) {
        // idを代入
        let id  = this.id  || -1;
        // 変更を代入
        let change = this.change || -1;
        // エラーがあった場合
        if (err) {
          // ng関数にエラーを引数に渡す
          ng(new Error(err));
        // エラーがなかった場合
        } else {
          // ok関数にidとchangeを持った辞書型を渡す
          ok({id:id,change:change});
        }
```

▼

```
    });
  });
  // Promiseオブジェクトのインスタンスを返す
  return p;
  }
}

module.exports = SQLite;
```

上記のコードの中でも特に重要な①～②の解説は次の通りです。この中では「SQL文の実行」が最も重要です。

▶ **非同期に処理する（①）**

非同期に「Promise」オブジェクトを実行したら、成功して完了した場合「ok」引数が、失敗して拒否された場合「ng」引数が渡されます。

▶ **SQLite3データベースでSQL文実行（②）**

データベースに変更がある場合「SQLite3」モジュールの「run」メソッドを使います。データベースに変更がない場合は「all」メソッドで結果をすべて取得します。

「run」メソッドの第1引数にSQL文が、第2引数にSQL文の中に入れるパラメータが、第3引数に実行結果が無名関数で渡されます。

▍▍ 動作確認

この節で書いたコードを動作確認するには42ページの要領でVS Codeのターミナルで次のコマンドを実行します。これでReactの書式で書かれたコードが実行可能な「HTML5+JavaScript+CSS」に変換されElectronを実行します。

◉Electronを実行

```
$ npm run electron-start
```

コマンドを実行するとデスクトップアプリが開いて、次ページの図のように実行開始時にデータベースにテーブルが作成され「todo.db」ファイルが作成されます。まだテーブルに行は追加されません。

Electronで「index.html」ファイルが読み込まれて「index.js」ファイルから「App.js」ファイルが呼ばれて「App」クラスコンポーネントの「render」メソッドでHTMLが描画されます。またElectron側でデータベースを処理します。

● データベースにテーブルが作成され「todo.db」ファイルが作成される

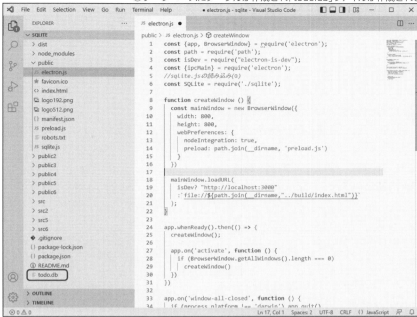

レコードを挿入するSQL文について

この節では「todoTable」テーブルに行のレコードを挿入（INSERT）するSQL文を実行します。

||| パラメータも付いたSQL文の実行

前節ではSQL文は一定の文字列でしたが、この節では追加するToDoリストの文字列次第でSQL文が変わってきます。そのためにSQL文の中に値を挿入する「パラメータ」を使います。

「SQLite3」モジュールの「run」メソッドの第1引数のSQL文の中に「?」を入れると、第2引数の「パラメータ」の値がその中に代入されます。複数「?」がある場合は左から順の「?」に左から順のパラメータが代入されます。

「sqlite.js」モジュールは、「SQLite」クラスのインスタンスから渡されたSQL文を実行するだけの「SQLite」クラスだけあります。このクラスではSQL文自体は何も用意しません。

この節ではいったん「App.js」ファイルで「insert」メソッドでToDoリストを表示する機能はなくします。次の節の「SELECT」文で「todoTable」テーブルのレコードを読み込んでToDoリストを一覧表示します。

||| 「App.js」のコード

「src」→「App.js」ファイルを次のように書き換えます。CHAPTER 03に加えて、主にコメントがあるコードだけ追加します。

SAMPLE CODE App.js

```
import React, { Component } from 'react';
import './App.css';

class App extends Component {
  state = {
    list: [{id:0,value:"ToDoリストを書く"},],
  }

  constructor(prop) {
    super();
    this.todoRef = React.createRef();
    this.create();
  }

  async create() {
    await window.electronAPI.execSql('create');
```

```
  }

  async insert(e) {
    const val = this.todoRef.current.value;
    // メイン側のSQL文実行関数を呼び出す(①)
    await window.electronAPI.execSql('insert',val);
  }
```

（後略）

　上記のコードの中でも特に重要な①の解説は次の通りです。

▶メイン側のSQL実行関数を呼び出す(①)

　レンダラー側から「preload.js」ファイルの「electronAPI」プロパティの「execSql」メソッドに引数「insert」文字列とパラメータ「val」引数を渡して呼び出します。これで「val」変数の値を「todoTable」テーブルのレコード(行)に追加します。

▌▌▌「electron.js」のコード

　「public」→「electron.js」ファイルを次のように書き換えます。前節に続けて、主にコメントがあるコードだけ追加します。

SAMPLE CODE electron.js

（前略）

```
function execute(db,sql,param) {
  if (sql == 'create') {
    return Promise.resolve().then(() => db.run(
      `CREATE TABLE IF NOT EXISTS todoTable(
        id INTEGER PRIMARY KEY AUTOINCREMENT,todo TEXT)`));
    // もしsql引数が挿入(insert)だった場合
  } else if (sql == 'insert') {
    // SQL文を実行(①)
    return Promise.resolve().then( () => db.run(
      // テーブルにパラメータを挿入するSQL文
      `INSERT INTO todoTable(todo) VALUES (?)`,param));
  }
  return sql;
}
```

　上記のコードの中でも特に重要な①の解説は次の通りです。

▶SQL文を実行（①）

「Promise」オブジェクトで非同期にSQL文を実行します。SQL文の「INSERT」文で「todoTable」テーブルに「param」引数の値をレコードとして1行挿入するように「run」メソッドを呼び出します。

III 動作確認

この節で書いたコードを動作確認するには42ページの要領でVS Codeのターミナルで次のコマンドを実行します。これでReactの書式で書かれたコードが実行可能な「HTML5+JavaScript+CSS」に変換されElectronを実行します。

◉Electronを実行

```
$ npm run electron-start
```

コマンドを実行するとデスクトップアプリが開いて、次の図のように追加ボタンを押すとデータベースにやるべきことが挿入（INSERT）されます。ただしまだ「todoTable」テーブルのレコードを取得していないので、Webページに一覧表示はされません。

Electronで「index.html」ファイルが読み込まれて「index.js」ファイルから「App.js」ファイルが呼ばれて「App」クラスコンポーネントの「render」メソッドでHTMLが描画されます。またElectron側でデータベースを処理します。

◉追加ボタンでデータベースにレコードを挿入

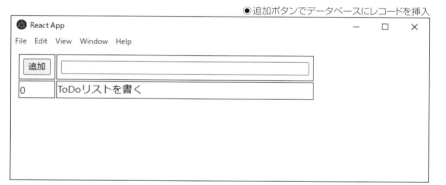

レコードの取得について

この節では「SELECT」文を使ってToDoリストのレコードを取得して一覧表示します。

■ SQL文のSELECT文

SQL文の「SELECT カラム FROM テーブル」文はテーブルから(FROM)、指定したカラムを取得します。この節ではすべてのカラム(*)のレコードを取得します。

SQL文の「SELECT」文はレコードを取得するだけでデータベースを変更しないので、「SQLite3」モジュールの「all」メソッドを使います。データベースに変更がない場合は「all」や「get」を使います。

SQL文の「INSERT」文はデータベースに変更があるので「SQLite3」モジュールの「run」メソッドを使いました。他にも「UPDATE」「DELETE」などもデータベースに変更があるので「SQLite3」モジュールの「run」メソッドを使います。

実行するSQL文を「クエリ」とも言います。「クエリ」は英語で「query」と書き「問い合わせ」や「要求」を意味します。

■ 「App.js」のコード

「src」→「App.js」ファイルを次のように書き換えます。ここまでに加えて、主にコメントがあるコードだけ追加します。

SAMPLE CODE App.js

```
import React, { Component } from 'react';
import './App.css';

class App extends Component {
  state = {
    list: [{id:0,value:"ToDoリストを書く"},],
  }

  constructor(prop) {
    super();
    this.todoRef = React.createRef();
    this.create();
  }

  // Webページの起動時(①)
  componentDidMount() {
    // selectメソッドの呼び出し
    this.select();
```

```
    }

    async create() {
      await window.electronAPI.execSql('create');
    }


    // todoTableテーブルの一覧を取得して表示(②)
    async select() {
      // electronAPIのexecSqlを実行してToDoリストの一覧取得
      const rows = await window.electronAPI.execSql('select');
      // 空の配列arrayを宣言
      let array = [];
      // rows配列の要素をループ
      rows.forEach(element => {
        // array配列にidとvalueの辞書型を追加
        array.push({id:element.id,value:element.todo});
      });
      // listステートにarray配列をセット
      this.setState({list:array});
    }

    async insert(e) {
      const val = this.todoRef.current.value;
      await window.electronAPI.execSql('insert',val);
      // selectメソッドの呼び出し
      this.select();
    }
```

（後略）

　上記のコードの中でも特に重要な①～②の解説は次の通りです。この中では「取得し
たレコードをlistステートにセットする」が最も重要です。

▶ Webページの起動時（①）

　「componentDidMount」メソッドはWebページの起動時に1回だけ呼ばれます。ここ
では「select」メソッドを呼び出してToDoリストの一覧を表示します。

▶ todoTableテーブルの一覧を取得して表示（②）

　「select」メソッドを「async」で非同期に実行します。「await」で非同期に待って
「preload.js」の「electronAPI」プロパティの「execSql」メソッドを「select（レコード取
得）」で呼び出して、戻り値を「rows」変数に代入します。

「rows」配列を「forEach」メソッドで要素を1つずつループして「element」変数に代入します。「id」に「element.id」を「value」に「element.todo」を辞書型で、「array」配列の後ろに追加します。

「setState」メソッドで「list」ステートに「array」配列をセットして、画面を更新します。

||| 「electron.js」のコード

「public」→「electron.js」ファイルを次のように書き換えます。前節に続けて、主にコメントがあるコードだけ追加します。

SAMPLE CODE electron.js

```
（前略）

function execute(db,sql,param) {
  if (sql == 'create') {
    return Promise.resolve().then(() => db.run(
      `CREATE TABLE IF NOT EXISTS todoTable(
        id INTEGER PRIMARY KEY AUTOINCREMENT,todo TEXT)`));
  } else if (sql == 'insert') {
    return Promise.resolve().then( () => db.run(
      `INSERT INTO todoTable(todo) VALUES (?)`,param));
  // もしsql引数が取得(select)だった場合
  } else if (sql == 'select') {
    // 非同期にtodoTableテーブルの一覧を取得(①)
    return Promise.resolve().then(() => db.all(
      `SELECT * FROM todoTable`));
  }
  return sql;
}
```

上記のコードの中でも特に重要な①の解説は次の通りです。

▶非同期にtodoTableテーブルの一覧を取得（①）

「Promise」オブジェクトで非同期に「SQLite」クラスの「all」メソッドを実行します。「SELECT」文で「todoTable」テーブルからレコードの一覧を取得するSQL文を「all」メソッドに引数として渡します。

||| 「sqlite.js」のコード

「public」→「sqlite.js」ファイルを次のように書き換えます。前節に続けて、主にコメントがあるコードだけ追加します。

SAMPLE CODE sqlite.js

```
const sqlite3 = require('sqlite3').verbose();
```

▼

```
class SQLite {
  constructor(dbFileName) {
    this.db = new sqlite3.Database(dbFileName);
  }

  run(sql,param) {
    const p = new Promise((ok,ng) => {
      this.db.run(sql,param,function(err,res) {
        let id  = this.id  || -1;
        let change = this.change || -1;
        if (err) {
          ng(new Error(err));
        } else {
          ok({id:id,change:change});
        }
      });
    });
    return p;
  }

  // SQL文を実行
  all(sql,param) {
    // 非同期に処理する
    const p = new Promise((ok,ng) => {
      // レコードの取得(①)
      this.db.all(sql,param,(err,res) => {
        // エラーが出た場合
        if(err) {
          // ng関数にエラーを引数に渡す
          ng(new Error(err));
        // エラーがなかった場合
        } else {
          // ok関数にres引数を引数に渡す
          ok(res);
        }
      })
    });
    // レコードを返す
    return p;
  }
}

module.exports = SQLite;
```

前ページのコードの中でも特に重要な①の解説は次の通りです。

▶レコードの取得（①）

「SQLite3」モジュールの「all」メソッドでSQL文を実行してテーブルのレコードを取得します。「all」メソッドは「run」メソッドとは違ってデータベースに変更を加えません。

「all」メソッドの第1引数にSQL文を渡し、第2引数にパラメータを渡し、第3引数の無名関数で結果を取得します。

▓ 動作確認

この節で書いたコードを動作確認するには42ページの要領でVS Codeのターミナルで次のコマンドを実行します。これでReactの書式で書かれたコードが実行可能な「HTML5+JavaScript+CSS」に変換されElectronを実行します。

◉Electronを実行

```
$ npm run electron-start
```

コマンドを実行するとデスクトップアプリが開いて、次の図のように起動時と追加ボタンをクリックしたときに「todoTable」テーブルのレコードをすべて取得してWebページに一覧表示します。追加ボタンでINSERTしたレコードが表示されます。

Electronで「index.html」ファイルが読み込まれて「index.js」ファイルから「App.js」ファイルが呼ばれて「App」クラスコンポーネントの「render」メソッドでHTMLが描画されます。またElectron側でデータベースを処理します。

◉レコードをすべて取得して一覧表示

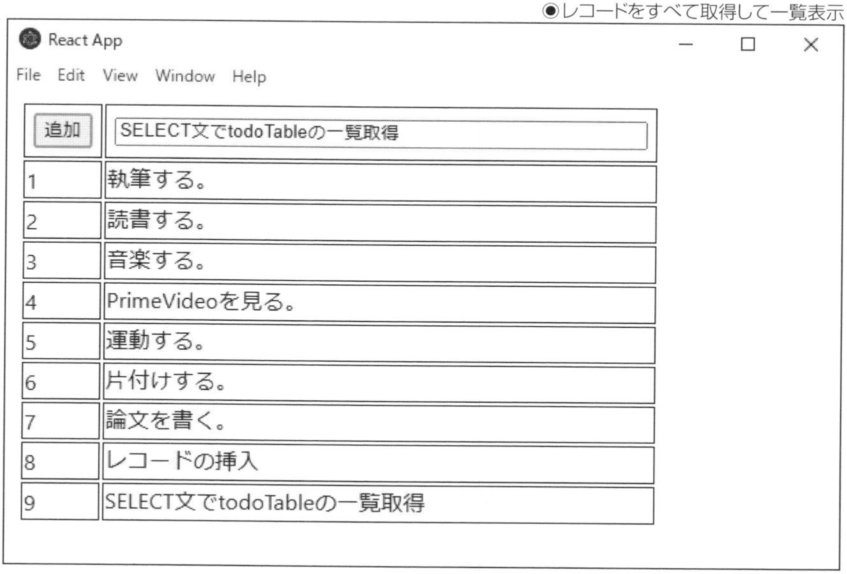

React App	— □ ×
File Edit View Window Help	
追加	SELECT文でtodoTableの一覧取得
1	執筆する。
2	読書する。
3	音楽する。
4	PrimeVideoを見る。
5	運動する。
6	片付けする。
7	論文を書く。
8	レコードの挿入
9	SELECT文でtodoTableの一覧取得

データベースを使ったToDoリストの開発

| COLUMN | 「SQLite3」クラスのメソッド |

　「sqlite3」モジュールには他にも「open」「serialize」「run」「get」「all」「each」などのメソッドもあります。

● 「SQLite3」クラスのメソッド

メソッド	機能
open	データベースを作成したり開いたりする
serialize	同期的に内部処理を実行
run	SQL文を実行し、データベースの変更を反映
get	実行結果のレコードを1つ目だけ取得
all	実行結果のレコードをすべて取得
each	SQL文を実行してそれぞれの結果に対しコールバックを実行

■ この章のまとめ

　この章ではCHAPTER 03で作ったToDoリストにデータベースの機能を追加しました。これでデータが保存されて、毎回保存したデータがデータベースから読み込まれます。

CHAPTER 07

Electronの
ビルドとテスト

この章では、Electronをビルドしデスクトップアプリとして実行ファイルを書き出します。またElectronのデバッグのためにテストします。

Electronのビルドについて

この節ではElectronをビルドして、デスクトップアプリのインストーラと実行ファイルを書き出します。

▐▐ WindowsとmacOSでビルド

CHAPTER 03～CHAPTER 06では、Electronで開発用に実行するだけでした。この節ではビルドすることで、インストーラや実行ファイルをビルドして配布することができます。

また、次の節からはElectronをテストしてデバッグしますが、そのためには実行ファイルを使ってテストします。ですから必ず実行ファイルに書き出す必要があります。

ElectronのビルドはWindowsとmacOSとLinuxで異なる設定が必要なものもあります。デフォルトのままなら場合分けする必要はありません。

なお、本書ではLinux向けのビルドは割愛します。

▶ helloプロジェクトをビルド

サンプルファイルをC&R研究所のサイトからダウンロードしたら、35ページの要領でVS Codeで「hello」フォルダーを開いて、「ターミナル」で次のコマンドを入力してください。ファイルサイズの関係で大きなファイルサイズの「node_modules」フォルダーを一緒に入れていないので、このコマンドでインストールが必要です。

◉不足した「node_modules」フォルダーのファイルのインストール

```
$ npm install
```

次のコマンドで「hello」プロジェクトをビルドします。ここまではデフォルトのビルドの仕方で生成されたインストーラは実行しただけで即インストールされます。

◉プロジェクトのビルド

```
$ npm run build
```

▐▐ Windowsでビルド

Windows向けにビルドすると、まず「build」フォルダーにReactから配布用のWebページが書き出されます。それを使って「dist」フォルダーにElectronの「electron-builder」コマンドでビルドした配布用のインストーラと実行ファイルが書き出されます。

「dist」フォルダーにインストーラ「hello Setup 0.1.0.exe」などのファイルが書き出されます。また、実行ファイルの「dist」→「win-unpacked」フォルダに実行ファイル「hello.exe」などのファイルが書き出されます。

Windowsでのビルドの仕方はここまでの通りです。ただし、インストーラのウィザードを
カスタマイズすることができます。ウィザードとはダイアログで対話しながらインストール設
定できるものです。

●Windows向けのインストーラ

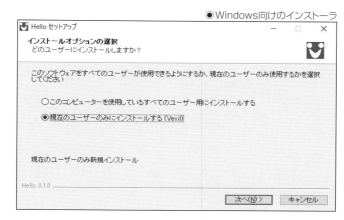

カスタマイズには次のように「package.json」に追記します。

SAMPLE CODE package.json

```
（前略）
  "dependencies": {
    "@testing-library/jest-dom": "^5.16.4",
    "@testing-library/react": "^13.3.0",
    "@testing-library/user-event": "^13.5.0",
    "electron-is-dev": "^2.0.0",
    "react": "^18.2.0",
    "react-dom": "^18.2.0",
    "react-scripts": "5.0.1",
    "web-vitals": "^2.1.4"
  },
  "devDependencies": {
    "cross-env": "^7.0.3",
    "electron": "^20.0.1",
    "electron-builder": "^23.1.0",
    "npm-run-all": "^4.1.5",
    "wait-on": "^6.0.1"
  },
  "build": {
    "appId": "com.roxiga.hello",
    "productName": "Hello",
    "copyright": "Copyright Since 2022",
    "win": {
```

```
    "icon": "build/logo512.png",
    "target": {
      "target": "nsis",
      "arch": "x64"
    }
  },
  "nsis": {
    "oneClick": false,
    "allowToChangeInstallationDirectory": true,
    "runAfterFinish": false
  }
 }
}
```

上記の「package.json」の解説は次の通りです。"build"でデフォルトの設定のままでいい場合は、「任意」と書いた設定は省略できるものもあります。

▶"dependencies"

開発時と配布用に書き出す際の両方で必要なモジュールを設定します。たいていは「$ npm install モジュール名」を実行した際に書き足されます。

▶"devDependencies"

開発時にだけ必要なモジュールを設定します。たいていは「$ npm install モジュール名」を実行した際に書き足されます。

▶"build"（任意）

ビルドで書き出すインストーラや実行ファイルの設定をします。Windows向けやmacOS向けやLinux向けや、すべてに共通する設定ができます。

▶"appId"（"build"がある場合のみ）

ユニークな（一意の）ID名です。所有する独自ドメインを逆にしたような書き方が多いです。

▶"productName"（"build"がある場合のみ）

ソフトウェア製品の名前です。

▶"copyright"（"build"がある場合のみ任意）

ソフトウェアの著作権情報です。

▶"win"（"build"がある場合のみ任意）

Windowsのみでの設定をします。

▶ "icon"("win"がある場合のみ任意)

なぜか「public」フォルダーのアイコンではうまくインストーラや実行ファイルのアイコンになりません。「build」フォルダーのアイコンならインストーラや実行ファイルのアイコンになります。

▶ "target"("win"がある場合のみ)

「nsis」なら通常のインストーラを生成し、「appx」なら「AppX」形式のインストーラを生成します。

▶ "arch"("win"がある場合のみ)

「ia32」なら32ビットOS向けに、「x64」なら64ビットOS向けにインストーラや実行ファイルを書き出します。

▶ "nsis"("target"が"nsis"の場合のみ)

通常のインストーラの設定をします。

▶ "oneClick"("nsis"がある場合のみ任意)

インストーラを実行するだけでインストールが完了するか設定します。

▶ "allowToChangeInstallationDirectory"("nsis"がある場合のみ任意)

インストールディレクトリを変更できるようにするか設定します。

▶ "runAfterFinish"("nsis"がある場合のみ任意)

インストーラの終了後、すぐにアプリを自動的に実行するか設定します。

◉Windowsのデスクトップアプリ

▌▌▌ macOSでビルド

macOS向けにビルドすると、まず「build」フォルダーにReactから配布用のWebページが書き出されます。それを使って「dist」フォルダーにElectronの「electron-builder」でビルドした配布用のインストーラと実行ファイルが書き出されます。

「dist」フォルダーにインストーラ「hello Setup-0.1.0.dmg」などのファイルが書き出されます。また実行ファイルの「dist」→「mac」フォルダに実行ファイル「hello.app」などのファイルが書き出されます。

macOSでのビルドの仕方はWindowsによく似ています。ただし、インストーラのカスタマイズの仕方が違います。

● macOS向けのインストーラ

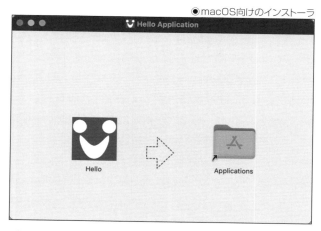

カスタマイズには次のように「package.json」に追記します。

SAMPLE CODE package.json

```
（前略）
  "dependencies": {
    "@testing-library/jest-dom": "^5.16.4",
    "@testing-library/react": "^13.3.0",
    "@testing-library/user-event": "^13.5.0",
    "electron-is-dev": "^2.0.0",
    "react": "^18.2.0",
    "react-dom": "^18.2.0",
    "react-scripts": "5.0.1",
    "web-vitals": "^2.1.4"
  },
  "devDependencies": {
    "cross-env": "^7.0.3",
    "electron": "^20.0.1",
    "electron-builder": "^23.1.0",
```

```
      "npm-run-all": "^4.1.5",
      "wait-on": "^6.0.1"
    },
    "build": {
      "appId": "com.roxiga.hello",
      "productName": "Hello",
      "copyright": "Copyright Since 2022",
      "win": {
        "icon": "build/logo512.png",
        "target": {
          "target": "nsis",
          "arch": "x64"
        }
      },
      "nsis": {
        "oneClick": false,
        "allowToChangeInstallationDirectory": true,
        "runAfterFinish": false
      },
      "mac": {
        "icon": "build/logo512.png",
        "target": {
          "target": "dmg",
          "arch": "x64"
        }
      },
      "dmg": {
        "title": "Hello Application",
        "contents": [
          {
            "x": 150,
            "y": 200,
            "type": "file"
          },{
            "x": 400,
            "y": 200,
            "type": "link",
            "path": "/Applications"
          }
        ]
      }
    }
  }
}
```

前ページの「package.json」の解説は次の通りです。デフォルトの設定のままでいい場合は、「任意」と書いた設定は省略できるものもあります。

▶ "dependencies"

開発時と配布用に書き出す際の両方で必要なモジュールを設定します。たいていは「$ npm install モジュール名」を実行した際に書き足されます。

▶ "devDependencies"

開発時にだけ必要なモジュールを設定します。たいていは「$ npm install モジュール名」を実行した際に書き足されます。

▶ "build"（任意）

ビルドで書き出すインストーラや実行ファイルの設定をします。Windows向けやmacOS向けやLinux向けや、すべてに共通する設定ができます。

▶ "appId"（"build"がある場合のみ）

ユニークな（一意の）ID名です。所有する独自ドメインを逆にしたような書き方が多いです。

▶ "productName"（"build"がある場合のみ）

ソフトウェア製品の名前です。

▶ "copyright"（"build"がある場合のみ任意）

ソフトウェアの著作権情報です。

▶ "mac"（"build"がある場合のみ任意）

macOSのみでの設定をします。

▶ "icon"（"mac"がある場合のみ任意）

なぜか「public」フォルダーのアイコンではうまくインストーラや実行ファイルのアイコンになりません。「build」フォルダーのアイコンならインストーラや実行ファイルのアイコンになります。

▶ "target"（"mac"がある場合のみ）

「dmg」なら普通のmacOSインストーラです。

▶ "arch"（"mac"がある場合のみ）

「x64」ならIntel Mac向けで、「universal」ならIntel MacとM1 Mac向けに書き出します。

▶ "dmg"（"target"が"dmg"の場合のみ）

普通のmacOS向けインストーラの設定です。

▶ "title"（"dmg"がある場合のみ）

インストーラのタイトル名です。

▶ "contents"("dmg"がある場合のみ)

インストーラのウィンドウ画面の内容です。

▶ "x"("dmg"がある場合のみ)

左の位置です。

▶ "y"("dmg"がある場合のみ)

上の位置です。

▶ "type"("dmg"がある場合のみ)

「file」ならインストールするアプリのファイルで、「link」ならインストール先のリンクです。

▶ "path"("dmg"がある場合のみ)

インストール先のパスです。たいていは「/Applications」フォルダーです。

▶ "identity"("mac"がある場合のみ任意)

開発者の登録証明書がある場合は追記します。

◉ macOSのデスクトップアプリ

ビルドして実行ファイルを生成するとき、アンチウィルスソフトが働いて実行ファイルの生成に失敗することがあります。OKなどしても実行ファイルの生成に失敗したら、もう一度ビルドしてみてください。

COLUMN　JSONファイルのコメント

JSONファイルの中にはコメントを書いていません。なぜならJSONにはコメントを書く書式がないからです。JSONについてはこの解説の仕方で我慢してください。

テストについて

この節では「WebDriverIO」のテスト機能を使ってElectronアプリをデバッグする方法を解説します。

WebDriverIOについて

テストとはプログラムの処理が正常に行われたかを成功と失敗のどちらかを調べる機能です。前節の続きから準備していきます。

最初、筆者は公式なテスト環境である「Spectron」を使ってテストを実装しようと考えていました。しかし「Spectron」は2022年2月をもってバージョンアップが終了し非推奨になりました。

そこで本書では「WebDriverIO」を使ってテストします。「WebDriverIO」は前節でビルドしたElectronで書き出した実行ファイルをテストします。

テストする実行ファイルは「wdio.conf.js」ファイルの「capabilities」の「goog:chromeOptions」に追記します。「capabilities」とは「capability」の複数形で「機能」という意味です。

▶Google Chromeのインストール

まず「Google Chrome」が未インストールの場合はインストールします。次のURLから次の図のように「ChromeSetup.exe」ファイルをダウンロードして実行してください。macOSの場合は「googlechrome.dmg」ファイルです。

- Google Chromeのダウンロードページ
  URL https://www.google.com/chrome/

●Google Chromeのダウンロードページ

▶WebDriverIOなどのインストール

前節の通りVS Codeで「hello」フォルダーを開きます。VS Codeの「表示」→「ターミナル」をクリックして、ターミナルで次のコマンドを実行します。

このコマンドで「@wdio/cli」「@wdio/local-runner」「@wdio/mocha-framework」「@wdio/spec-reporter」「chrome-driver」「wdio-chromedriver-service」モジュールがインストールされます。

また、「package.json」の「script」に「"wdio": "wdio run wdio.conf.js"」が追記されます。

●WebDriverIOに関連する機能をまとめてダウンロード

```
$ npx wdio . --yes
```

||| 「wdio.conf.js」のコード

WebDriverIOの設定をするには「hello」フォルダーに作成された「wdio.conf.js」ファイルを次のようにコードを書きます。主にコメントのあるコードだけ追記します。

SAMPLE CODE wdio.conf.js

```javascript
// パスに関するモジュールを読み込む(①)
const path = require('path');

exports.config = {
    specs: [
        './test/specs/**/*.js'
    ],
    exclude: [
    ],
    maxInstances: 10,
    capabilities: [{
        maxInstances: 5,
        browserName: 'chrome',
        // Google Chromeのオプション(②)
        'goog:chromeOptions': {
            // テストする実行ファイルのパス
            binary: path.join(__dirname, 'dist/win-unpacked/hello.exe'),
            // オプション
            args: [/* cli arguments */]
        },
        acceptInsecureCerts: true
    }],
```

　前ページのコードの中でも特に重要な①〜②の解説は次の通りです。この中では「Google Chromeのオプション」が最も重要です。「capabilities」に追記することで、テストを実行する際にポートを自動で開いて、テストを終了する際にポートを自動で閉じてくれます。

▶パスに関するモジュールを読み込む（①）

　②で絶対パスを取得するためにパスに関する「path」モジュールを読み込みます。

▶Google Chromeのオプション（②）

　Google Chromeのオプションのために、まずElectronをビルドする必要があります。ビルドしたらWindowsの場合は「binary」に「dist/win-unpacked/hello.exe」の絶対パスを指定します。

　macOSの場合もビルドしたら「binary」に「dist/mac/hello.app/Contents/MacOS/hello」の絶対パスを指定します。Windowsの場合とは異なります。

■ WebDriverIOのテストコード

　WebDriverIOでテストするコードは「test」→「specs」→「example.e2e.js」ファイルのコード書き換えます。次のコードのすべてを書き換えます。

　まずは成功か失敗か何も調べずに、単に成功と失敗を取得します。e2eテストでは「"」（ダブルクオーテーション）は使えず「'」（シングルクオーテーション）を使います。

SAMPLE CODE example.e2e.js

```
// assertモジュールの読み込み（①）
const assert = require('assert');

// テストのコードの書き始め（②）
describe('Helloテスト', () => {

  // 成功するテストを実行する（③）
  it('assertでtrueを返す', async () => {
    // テスト成功を返す
    return assert(true);
  });

  // 失敗するテストを実行する（④）
  it('assertでfalseを返す', async () => {
    // テスト失敗を返す
    return assert(false);
  });

  // エラーのあるテストを実行する（⑤）
  it('エラーを返す', async () => {
```

07 Electronのビルドとテスト

```
    // エラー内容を返す                                    ▼
    return assert.fail("ここにエラー内容を書く");
  });
});
```

上記のコードの中で重要な①～⑤の解説は次の通りです。

▶assertモジュールの読み込み（①）

「assert」モジュールを使って成功か失敗か返します。「assert」とは「主張する」という意味です。

▶テストのコードの書き始め（②）

「describe」関数でテストを1まとめに囲います。第1引数に1まとめにしたものの名前「Helloテスト」を書きます。「describe」とは「説明」という意味です。

▶成功するテストを実行する（③）

「it」関数でテストを実行します。第1引数にテストの名前「assertでtrueを返す」を書きます。第2引数の無名関数で具体的なテストのコードを書きます。

returnで成功か失敗か返します。assertがtrueなら成功です。

▶失敗するテストを実行する（④）

「it」関数でテストを実行します。第1引数にテストの名前「assertでfalseを返す」を書きます。第2引数の無名関数で具体的なテストのコードを書きます。

returnで成功か失敗か返します。assertがfalseなら失敗です。

▶エラーのあるテストを実行する（⑤）

「it」関数でテストを実行します。第1引数にテストの名前「エラーを返す」を書きます。第2引数の無名関数で具体的なテストのコードを書きます。

returnでエラー内容を返します。assert.failの第1引数にエラー内容「ここにエラー内容を書く」を書きます。

||| WebDriverIOの実行

WebDriverIOを使えばElectron製のデスクトップアプリの実行ファイルをテストを開始できます。テストすることでElectron製アプリをデバッグすることができます。

もう一度言いますが、まず前節のようにElectronアプリをビルドしておく必要があります。

テストを実行するには次のコマンドを入力すると次の図のような結果が出ます。次の図の結果は緑色の「✔」が成功で、赤色の「✖」が失敗です。

◉テストの実行

```
$ npm run wdio
```

●Hello, World!のテストの結果

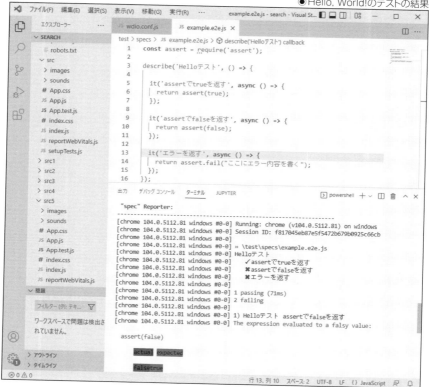

---

dmgライセンス

　macOSの場合、インストーラのdmgライセンスのモジュールが必要になる場合があります。その場合は次のコマンドをVS Codeのターミナルで実行してインストールします。

●dmg-license

```
$ npm install dmg-license
```

| COLUMN | Google ChromeとChromeDriver |

Google ChromeとChromeDriverのバージョンが違うとエラーが出てテストが実行できません。たとえば、次のようなエラーの場合、Google Chromeのバージョン105をインストールします。

◉Google ChromeとChromeDriverのバージョン違いのエラー

```
[0-0] session not created: This version of ChromeDriver only supports Chrome
version 105
[0-0] Current browser version is 104.0.5112.114 with binary path C:\Users\O
nishi\Documents\Electron\ElectronSamples\hello\dist\win-unpacked\hello.exe
```

それでも同じエラーが出た場合、逆にChromeDriverのバージョンをブラウザのメジャーバージョン104に合わせます。

◉ChromeDriverのバージョンをブラウザのメジャーバージョン104に合わせる

```
$ npm install chromedriver@104
```

ハガキ印刷アプリのテストについて

この節ではハガキ印刷アプリの郵便番号入力があるまで待つテストをします。

■ プロジェクトのビルド

「postcard」→「5-8」プロジェクトをテストするには、164ページと172ページと同様に「post card」→「5-8」プロジェクトに「node_modules」と「wdio」のインストールが必要です。それから、ビルドする必要があります。

VS Codeで「postcard」→「5-8」フォルダーをターミナルで開きます。「node_modules」がない場合、VS Codeの「ターミナル」で次のコマンドを入力してダウンロードしてください。

●不足した「node_modules」フォルダーのファイルのインストール

```
$ npm install
```

次のコマンドで「wdio」をインストールします。WebDriverIOに関連する機能をまとめてダウンロードします。

●WebDriverIOに関連する機能をまとめてダウンロード

```
$ npx wdio . --yes
```

さらに次のコマンドでビルドします。なお、Electronアプリに変更があるたびにこのコマンドでビルドし直さなければなりません。

●postcardのビルド

```
$npm run build
```

■ 「wdio.conf.js」のコード

WebDriverIOの設定をするには「postcard」→「5-8」フォルダーに作成された「wdio.conf.js」ファイルを次のようにコードを書きます。主にコメントのあるコードだけ追記します。

SAMPLE CODE wdio.conf.js

```
// パスに関するモジュールを読み込む
const path = require('path');

exports.config = {
    specs: [
        './test/specs/**/*.js'
    ],
    exclude: [
    ],
    maxInstances: 10,
```

▼

```
capabilities: [{
    maxInstances: 5,
    browserName: 'chrome',
    // Google Chromeのオプション
    'goog:chromeOptions': {
        // テストする実行ファイルのパス(①)
        binary: path.join(__dirname, 'dist/win-unpacked/postcard.exe'),
        // オプション
        args: [/* cli arguments */]
    },
    acceptInsecureCerts: true
}],
```

上記のコードの中でも特に重要な①の解説は次の通りです。

▶テストする実行ファイルのパス(①)

この節では「postcard」→「5-8」フォルダーをビルドした「dist/win-unpacked/postcard.exe」を指定します。macOSの場合は「dist/mac/postcard.app/Contents/MacOS/postcard」の絶対パスを指定します。前節と違うところはテストする実行ファイルのパスが異なるだけです。

▓ WebDriverIOのテストコード

WebDriverIOでテストするコードは「test」→「specs」→「example.e2e.js」ファイルのコード書き換えます。次のコードのすべてを書き換えます。

`SAMPLE CODE` example.e2e.js

```javascript
// assertモジュールの読み込み
const assert = require('assert');

// テストのコードの書き始め
describe('Postcardテスト', () => {

    // アプリのタイトルを取得するテストを実行する(①)
    it('アプリ名', async () => {
        // アプリのタイトルを取得する
        const title = await browser.getTitle();
        // アプリのタイトルが「Postcard」か調べる
        expect(title).toEqual('Postcard');
    });

    // 郵便番号が入力されるまで待つテストを実行する(②)
    it('郵便番号', async () => {
        // .to-codeのCSSを取得する
```

```
const code = await $('.to-code');
// 郵便番号入力を待つか、10秒経てばエラーが返る
await browser.waitUntil(
  async () => (await code.getText()) !== '', {
  // 待ち時間を10秒にセットする
  timeout: 10000,
  // 10秒経ったらエラーメッセージ
  timeoutMsg: "郵便番号が入力されていません"
  }
);
});
});
```

上記のコードの中でも特に重要な①〜②の解説は次の通りです。この中では「browser.waitUntilで郵便番号が入力されるまで待つ」が最も重要です。

▶ アプリのタイトルを取得するテストを実行する(①)

「it」関数でテストを実行します。「await」で非同期に「browser.getTitle」メソッドでアプリのタイトルを取得するのを待ちます。「title」変数が「Postcard」文字列と等しい(toEqual)か調べて正誤を返します。

▶ 郵便番号が入力されるまで待つテストを実行する(②)

「it」関数でテストを実行します。「await」で非同期に「$(.to-codeセレクタ)」メソッドでセレクタを取得するのを待ち「code」変数に代入します。

「await」で非同期に「browser.waitUntil」メソッドで「code」変数に値が入力されるのを待ちます。10秒(10000ミリ秒)が過ぎたらエラーメッセージとともにエラーを返します。

▓ WebDriverIOの実行

WebDriverIOを使えばElectron製のデスクトップアプリの実行ファイルをテストを開始できます。テストすることでElectron製アプリのエラーを探すデバッグをすることができます。

テストを実行するには次のコマンドを入力し、10秒以内に空白でない郵便番号を入力すると次ページの図のような結果が出ます。次ページの図の結果は緑色の「✔」が成功で、赤色の「✖」が失敗です。

◉テストの実行

```
$ npm run wdio
```

●郵便番号入力のテストの結果

COLUMN　　WebDriverIOの公式サイト

　本書で解説する以外にもWebDriverIOにはたくさんのテストAPIがあります。詳しくは次のURLにアクセスしてみてください。

● WebDriverIOのAPIの解説ページ

URL　https://webdriver.io/docs/api

データベースでToDoリストのテストについて

この節では追加ボタンを自動でクリックしてToDoリストを1つ追加するテストをします。

▌▌▌ プロジェクトのビルド

「sqlite」→「6-5」プロジェクトをテストするには、164ページと172ページと同様に「sqlite」→「6-5」プロジェクトに「node_modules」と「wdio」のインストールが必要です。それから、ビルドする必要があります。

VS Codeで「sqlite」→「6-5」フォルダーをターミナルで開きます。「node_modules」がない場合、VS Codeの「ターミナル」で次のコマンドを入力してダウンロードしてください。

●不足した「node_modules」フォルダーのファイルのインストール

```
$ npm install
```

また、次のコマンドで「wdio」をインストールします。WebDriverIOに関連する機能をまとめてダウンロードします。

●WebDriverIOに関連する機能をまとめてダウンロード

```
$ npx wdio . --yes
```

さらに次のコマンドでビルドします。なお、Electronアプリに変更があるたびにこのコマンドでビルドし直さなければなりません。

●sqliteのビルド

```
$npm run build
```

▌▌▌ 「wdio.conf.js」のコード

WebDriverIOの設定をするには「sqlite」→「6-5」フォルダーに作成された「wdio.conf.js」ファイルを次のようにコードを書きます。主にコメントのあるコードだけ追記します。

SAMPLE CODE wdio.conf.js

```javascript
// パスに関するモジュールを読み込む
const path = require('path');

exports.config = {
    specs: [
        './test/specs/**/*.js'
    ],
    exclude: [
    ],
    maxInstances: 10,
```

▼

```
capabilities: [{
    maxInstances: 5,
    browserName: 'chrome',
    // Google Chromeのオプション
    'goog:chromeOptions': {
        // テストする実行ファイルのパス(①)
        binary: path.join(__dirname, 'dist/win-unpacked/sqlite.exe'),
        // オプション
        args: [/* cli arguments */]
    },
    acceptInsecureCerts: true
}],
```

上記のコードの中でも特に重要な①の解説は次の通りです。

01
02
03
04
05
06
07
Electronのビルドとテスト

▶ テストする実行ファイルのパス(①)

この節では「sqlite」→「6-5」フォルダーをビルドした「dist/win-unpacked/sqlite.exe」を指定します。macOSの場合は「dist/mac/sqlite.app/Contents/MacOS/sqlite」の絶対パスを指定します。173ページと違うところはテストする実行ファイルのパスが異なるだけです。

WebDriverIOのテストコード

WebDriverIOでテストするコードは「test」→「specs」→「example.e2e.js」ファイルのコード書き換えます。次のコードのすべてを書き換えます。

SAMPLE CODE example.e2e.js

```js
// assertモジュールの読み込み
const assert = require('assert');

// テストのコードの書き始め
describe('Sqliteテスト', () => {

  // 文字入力をテスト(①)
  it('文字入力', async () => {
    // inputタグを取得
    const input = await $('input');
    // inputタグに文字を入力
    await input.setValue('自動でボタンを押します。');
  });

  // 追加ボタンクリックをテスト(②)
  it('ボタンクリック', async () => {
    // buttonタグを取得
```

```
    const button = await $('button');
    // 追加ボタンをクリック
    await button.click({});
  });

  // 10秒待つテスト
  it('10秒待つ', async () => {
    // タイムアウトまで待つ
    await browser.waitUntil(() => false, {
        // 10秒待つ
        timeout: 10000,
        // タイムアウトしたらエラーメッセージ表示
        timeoutMsg: '10秒経ちました'
    }
    );
  });
});
```

上記のコードの中でも特に重要な①～②の解説は次の通りです。この中では「クリック（click）して追加ボタンを押す」のが最も重要です。

▶文字入力をテスト（①）

「it」関数でテストを実行します。「await」で非同期に「$（inputセレクタ）」を取得するのを待ちます。「await」で非同期に「setValue」メソッドで「自動でボタンを押します。」文字列を入力するのを待ちます。

▶追加ボタンクリックをテスト（②）

「it」関数でテストを実行します。「await」で非同期に「$（buttonセレクタ）」を取得するのを待ちます。「await」で非同期に「click」メソッドで「buttonセレクタ」が自動クリックされるのを待ちます。

■■ WebDriverIOの実行

WebDriverIOを使えばElectron製のデスクトップアプリの実行ファイルをテストを開始できます。テストすることでElectron製アプリをデバッグすることができます。

テストを実行するには次のコマンドを入力し、自動で追加ボタンが押され10秒後に終了し、次ページの図のような結果が出ます。次ページの図の結果は緑色の「✔」が成功で、赤色の「✖」が失敗です。

●テストの実行

```
$ npm run wdio
```

● データベースを使ったToDoリストのテストの結果

III この章のまとめ

この章ではElectronのデスクトップアプリをビルドし、インストーラの設定の解説をしました。またElectronのデスクトップアプリをテストしました。

INDEX

■著者紹介

<ruby>大西<rt>おおにし</rt></ruby> <ruby>武<rt>たけし</rt></ruby>

1975年香川県生まれ。大阪大学経済学部経営学科中退。株式会社カーコンサルタント大西で役員を務める。

アイデアを考えたり、20言語以上使えるプログラミングをしたり、3DCGなどの絵を描いたり、ギターなどで演奏作詞作曲したり、デザインしたり、文章を書いたりするクリエイター。

本を執筆したり、コンテストに入賞したり、TVで放送されたり、雑誌やWebサイトなどに載ったり、合わせて300回以上自作作品が採用されている。

◆ホームページ
https://vexil.jp

◆Twitter
https://twitter.com/Roxiga

◆主な著書（20冊以上商業出版）
『Pythonではじめる3Dツール開発』（シーアンドアール研究所）
『Python&AIによるExcel自動化入門』（工学社）　など

◆主な受賞歴（20回以上コンテストに入賞）
NTTドコモ「MEDIAS Wアプリ開発コンテスト」グランプリ
Microsoft「WindowsVistaソフトウェアコンテスト」大賞　など

◆主なテレビ放送（3Dクイズが約10回出題されたりなど）
フジテレビ「脳テレ〜あたまの取扱説明書（トリセツ）〜」
NHK BS「デジタルスタジアム」　など

編集担当：吉成明久 / カバーデザイン：秋田勘助(オフィス・エドモント)
イラスト：©Fenton Wylam - stock.foto

React+Electronで作る デスクトップアプリ開発入門

2022年10月26日　初版発行

著　者	大西武
発行者	池田武人
発行所	株式会社　シーアンドアール研究所
	新潟県新潟市北区西名目所4083-6(〒950-3122)
	電話　025-259-4293　　FAX　025-258-2801
印刷所	株式会社　ルナテック

ISBN978-4-86354-399-7　C3055